150 Best of the Best Loft Ideas

150种LOFT户型
设计创意

美国LOFT编辑部 / 著　　叶斯佳 / 译

科学技术文献出版社
SCIENTIFIC AND TECHNICAL DOCUMENTATION PRESS
· 北京 ·

图书在版编目 (CIP) 数据

150 种 LOFT 户型设计创意 / 美国 LOFT 编辑部著 ; 叶斯佳译 . —北京 : 科学技术文献
出版社 , 2022.9

书名原文 : 150 Best of the Best Loft Ideas

ISBN 978-7-5189-9442-7

Ⅰ . ① 1… Ⅱ . ①美… ②叶… Ⅲ . ①住宅—室内装饰设计 Ⅳ . ① TU241

中国版本图书馆 CIP 数据核字（2022）第 136875 号

著作权合同登记号 图字：01-2022-4090

150 BEST OF THE BEST LOFT IDEAS by LOFT Publications, Inc.,

Copyright © 2016 by LOFT Publications.

Published by arrangement with Harper Design, an imprint of HarperCollins Publishers.

150 种 LOFT 户型设计创意

策划编辑：王黛君　责任编辑：王黛君　宋嘉婧　责任校对：张吲哚　责任出版：张志平

出 版 者　科学技术文献出版社
地　　址　北京市复兴路 15 号　邮编 100038
编 务 部　（010）58882938，58882087（传真）
发 行 部　（010）58882868，58882870（传真）
邮 购 部　（010）58882873
官方网址　www.stdp.com.cn
发 行 者　科学技术文献出版社发行　全国各地新华书店经销
印 刷 者　艺堂印刷（天津）有限公司
版　　次　2022 年 9 月第 1 版　2022 年 9 月第 1 次印刷
开　　本　787×1230　1/24
字　　数　149 千
印　　张　30
书　　号　ISBN 978-7-5189-9442-7
定　　价　259.00 元

前言

为了发掘 Loft 的起源，我们必须回到 20 世纪 50 年代的纽约，尤其是翠贝卡（Tribeca）、苏荷（SoHo）和切尔西（Chelsea）等社区。在战后，美国经济历经了一场变革：生产商品的劳动力减少，而从事服务行业的工人数量增加了。另外，大公司将他们的生产工厂转移到国外，那里的劳动力更廉价，导致美国的许多工厂和仓库空置。租户对大空间有需求，而普通公寓的租金高，再加上工业建筑的业主眼睁睁地看着厂房的价格下跌，这些都使闲置厂房有了一个令人意想不到的市场。学生和艺术家们也找到了可以工作和生活的便宜住所。

这些工业建筑没有内部隔断墙，安装在厚板上的钢结构，使空间具有极大的高度。此外，因为光线透过石头外墙上的巨大窗户照射进来，所以建筑内部变得非常明亮。人们可以在开放式空间里面发挥才能，充分展示他们的创意。随着时间的推移，这些空间被改造成其他用途——商店、艺术画廊和摄影展厅。可以说，半个世纪后，Loft 比其他任何空间都更多地象征着一种现代化前沿的生活方式。

Loft 的本质是开放式规划，其特点是视觉上的连续性，环境上的相互交流，以及充足的自然采光。统一的材料和颜色，没有门和隔断墙，都增强了开放性的效果。空间划分通常通过坡度和色彩、质地或照明的变化来实现，并通过开发一系列创造性的解决方案来取代隔断墙，如多功能家具、植物、推拉墙板、玻璃墙……

许多 Loft 因其高高的天花板，鼓励人们在上面加建一整层楼面或夹层楼面，这样就能将客厅、餐厅、厨房等共享区域与卧室、书房或其他房间区分开。楼层间的阶梯往往会成为一个装饰元素。

通用设计理念是在翻新并优化 Loft 的同时，尽可能地保留原有的结构元素。带有房梁的屋顶、拱形天花板、柱子和古老的砖块都要被翻新，而原有设施的管线和管道则被保留在明显的位置，使每个空间都有自己的特色和风格。另外，量身定做的家具，除了用来表现精心打磨的现代化美感之外，往往还扮演着多种角色：空间分隔器、橱柜、展示单元等——这是现代的舒适性和功能性与对古物的怀旧情结相融的结果。

　　Loft 风格自诞生以来，就被定义为工业化且素净真实的，有时甚至是冷冰冰的，因为剔除了多余的元素和工艺。常见的设计方法是使用未加工的材料来建设，比如水泥、砖、铁和钢，以及以白色为主的中性色系。但目前的 Loft 热潮，包括基于 19 世纪工业美学的新建筑，华丽程度均已远超"波希米亚风[1]"，同时这些温暖又温馨的空间保留了经典 Loft 风格的光线和空间连续性。

　　本书介绍了各种精心挑选的项目，这些项目来自世界各地的著名建筑师，他们始终牢记客户的愿望，并向我们展示了一系列引人注目的空间设计方案。在材料和光线的使用上既实用又创新；既适应现代和前卫的生活方式，又不忽视美学上的和谐与美丽。居住者会在这些集成、通风、具备良好采光的空间中工作、生活和分享人生。简而言之，这些空间与居住者的生活相得益彰，并且毫无疑问地充满了居住者的个性。

───────────────

1　波希米亚风格是指具有浪漫化、民俗化和自由化的浓烈色彩与繁复的设计，与简约风格相反。

CONTENTS 目录

Loft in Via Savona
位于萨沃纳大街的 Loft

罗伯特·穆尔贾
Roberto Murgia

◎ 意大利米兰市
◎ 弗朗西斯科·乔迪斯

　　四个朋友买下了一栋老建筑一楼的一部分，这栋建筑曾是意大利第一所研究生设计学院——多莫斯设计学院（Domus Academy）的办公室。业主的想法很明确：想要创造一个用于生活和工作的空间，既有他们的个人特色，又要保证隐私；既有公共区域，又有私人区域。该空间被划分成四个面积相等的区域，每个区域100 m²，近8 m 的高度可以建造两层楼。四个相同的空间分别给四个不同的居住者使用——一个设计师、一个摄影师和两个导演。他们过着相似的生活，却有着不同的灵魂、文化和梦想。

001

特意铺设的地毯打破了统一的白色，划定空间界限的同时也装扮了空间，带给人们一种温暖感。

纵剖面图

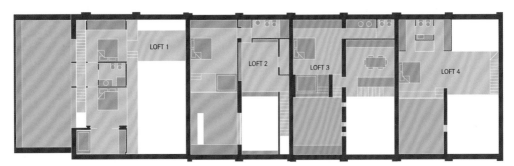

LOFT 1

LOFT 2

LOFT 3

LOFT 4

上层平面图

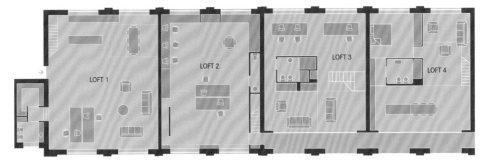

LOFT 1

LOFT 2

LOFT 3

LOFT 4

下层平面图

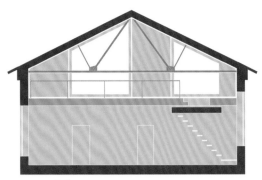

Loft 1 的横截面

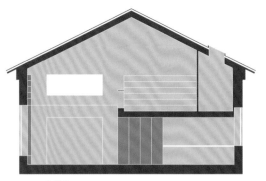

Loft 2 的横截面

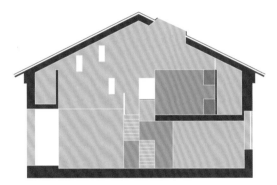

Loft 3 的横截面

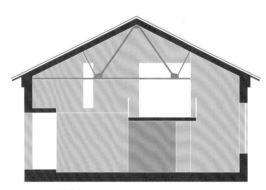

Loft 4 的横截面

生活与工作一体化的 Loft 让人们拥有了办公空间。尽管 Loft 通常是开放的，但生活和工作功能可以被划分在指定区域。

开放式和封闭式的储物组合柜使空间得到充分利用。在两扇内嵌式窗户之间的墙壁上，置有高高的开放式搁架，其中一个窗户上方还可以用来展示特殊物品，其余物品都储存在抽拉式置物柜里，使房间保持整洁有序。

Loft 空间非常适合创造，能够探索灵活和不寻常的配置，并创建独特的空间来表达这种创造力。

004

楼梯的设计已经从单纯的功能性目的，发展到利用创新材料和尖端技术，将自身开发成具有设计感的创意品。

柴房像壁炉一样,与木质支撑组件融为一体,除了作为热源,还成为房间的重要装饰部分。

以白色为主的空间营造了严肃冷淡的氛
围，木地板带来了温暖。

005

Loft 强调空间体验，摒弃了传统的家庭生活理念，支持开放的人际关系，因此在不同的区域之间提供直接的视觉联系。

006

设计师选择了一部比较狭长光滑的镂空式楼梯，以代替实心的楼梯，突出了空间的简约性以及开放的特色。

在蒙特利尔市的中心地带，一位收藏设计品和艺术品的艺术家拥有的一套Loft，正向创造力致以真正的敬意。这位艺术家希望拥有一个能够激发创造力的家庭环境，为了满足他的需求，让·韦维尔设计了这个独特的室内空间。

这套Loft将有趣的色彩与令人放松的白色相结合，可以唤醒人们的感官，并模糊空间感知。开放式的设计，再加上宽敞的储物区，可以容纳不断更新换代的折中主义艺术收藏品。

Prismatic Colors
绚丽多彩的颜色

让·韦维尔
Jean Verville

⊙ 加拿大蒙特利尔市
© 让·韦维尔建筑事务所

平面图

007

基于在心理学上的价值，颜色可以作为区域的标志，为空间赋予独特的气质。

带有彩色乙烯基塑料嵌件的地板涂了一层明亮的白色环氧树脂。这个住宅项目是建筑、艺术和设计的融合，让任何参观者看到都会深有感触。

在这五彩缤纷的环境中，白色的不锈钢厨房呈现出干净实用的外观，并用橱柜和储物柜组件来分隔空间。

008

家具可以分隔出具有不同功能
的区域，同时保持空间的开放
感。比起墙面隔断，这样更能
灵活地使用空间。

无论是白色的、彩色的，还是镶有镜子
的，这些橱柜组成了这套 Loft 的空间。

整个睡眠区都是黄色的，包含了在视觉上具有冲击力的几何状大型储物箱。

House Like Village
像村庄一样的房子

MKA 马克 · 克勒建筑事务所
MKA Marc Koehler Architects

⊙ 荷兰阿姆斯特丹市
© 马塞尔 · 范德堡

　　这个项目将以前的港口小酒馆改造成大型居住空间，并保持其原有的开放式特征。其中一个空间内部是四个被设想为住宅的"街区"，包含了私人空间和配套设施。而开放区域被布置成"街道""桥梁"横跨不同的"街区"。这些"街区"房屋的屋顶功能齐全，整个空间与这座集装箱建筑的墙外景色一览无余。

009

凭借着灵活的开放式布局和高高的天花板，Loft 的空间既精致又让人放松。然而，尽管这种宽敞的空间极具吸引力，却仍需要进行战略性的家装布置，来为空间配备必需的日用品。

010

夹层不仅增加了建筑面积，还扩大了视觉范围，创建吸引人的区域。

这个项目是建筑师、客户和承包商之间共同合作的成果。为了加快设计和施工进度，满足客户的需求和期望，沟通是至关重要的。

虽然第一眼看上去，这个空间并不适合儿童居住，但在设计时也考虑到了家庭游戏和艺术创作。储物间也是设计的关键元素，在整套公寓的设计中充分考虑了这一点，并做出了相应的开发尝试。

Wadia Residence
瓦迪亚寓所

解决：4 建筑设计
Resolution: 4 Architecture

⚲ 美国纽约州纽约市
© 解决：4 建筑设计

011

窗户下方的长椅增加了储物空间，这样就不会妨碍通行，还可以作为聚会的休闲座位。

餐厅位于厨房和客厅之间，在空间一角，
非常方便，能从公寓两侧接收自然光线。

012

不要低估白色在厨房中的作用。白色可以放大自然采光和人工照明的效果，这是实用性区域的关键设计元素。

雕塑般的楼梯是房子的焦点，围绕着楼梯组织动线和空间。楼梯的底部是开放式游戏区域，可以通向指定的玩具室和艺术室。

上层平面图

下层平面图

013

白色不仅增强了空间的建筑特征，而且还能反射光线，营造出明亮的氛围，可以弥补有限的光线。

014

悬空的盥洗台和壁挂式马桶将空间的开放特性延伸到浴室，这种特性通过使用贴满墙壁的镜子得到进一步加强。

超级立场建筑事务所的创始人面临的挑战，是将一个几乎变成废墟的阁楼改造成现代化实用公寓。

为了最大限度地使用空间，他们利用非常高的天花板，在上方加建了一个带有卧室、步入式衣帽间和储物空间的楼层。屋顶上的几扇天窗使空间沐浴在光线中，增添了宽敞感，营造出温暖又温馨的氛围。

Attic in Gliwice
位于格利维策市的阁楼

超级立场建筑事务所
Superpozycja Architekci

◎ 波兰格利维策市
◎ 普热梅斯瓦夫·斯科拉

下层平面图

上层平面图

A. 入口
B. 客厅
C. 厨房
D. 步入式衣帽间
E. 洗衣房
F. 浴室
G. 办公室
H. 卧室
I. 更衣室
J. 通往楼下的通道

选择圆桌是为了充分利用这个角落。这种类型的桌子适用于任何空间——既实用，又能使房间看起来更宽敞。

为了保留空间的精髓，旧的外壳结构以及砖墙都被保留了下来。此外，拆除后的木材被用来建造桌子和桁架。

仿佛是古典的天棚，木结构被用来框住卧室里的床，并界定空间。更重要的是，使用木结构能打破统一的中性色彩，并创造温暖而有趣的纹理对比。

旧的洗衣房被改造成浴室、杂物间和备
用的步入式衣帽间。建筑师决定在浴室
里露出砖块，并将砖块涂成石墨色。

在大规模改造过公寓之后，一个大胆的、如雕塑般的开放式居住空间让人眼前一亮。这套公寓曾经在 20 世纪 80 年代被翻新成暗色调的三室一厅，现在变成了明亮的一室一厅，附带浴室和卫生间，满足了新住户的要求。新的设计优化了空间，并充分利用了自然光线。狭长的玄关通向一个大得惊人的开放式空间，空间里的两面墙上都安装了窗户。

Chinatown Loft
位于唐人街的 Loft

布罗·科雷·杜曼事务所
Buro Koray Duman

◎ 美国纽约州纽约市
◎ 彼得·默多克

室内空间被一座雕塑般的波浪墙分隔开来，里面有洗衣房、储物间和卫生间。醒目的浅绿色与公寓的高质感饰面——主要是砖墙和木地板形成了鲜明的对比，使空间充满了活力。

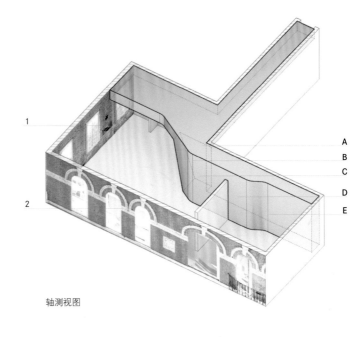

轴测视图

A. 洗衣机 / 烘干机
B. 食品贮藏室
C. 客房
D. 浴室
E. 壁橱

1. 原有的砖墙
2. 原有的建筑外墙

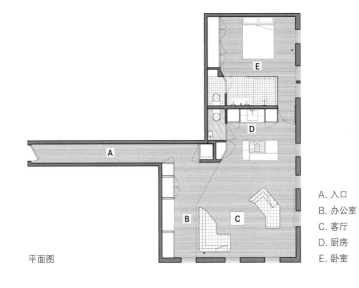

平面图

A. 入口
B. 办公室
C. 客厅
D. 厨房
E. 卧室

017

粉刷成白色的砖墙使空间的原始工业特征变得柔和。粉刷是一种密封砖墙表面的解决方案，有助于保护砖块。

厨房区域留下了老式墙纸的痕迹，使该
空间的历史得以保留，这让新装修的家
有强烈的地域感和个性。

018

一抹鲜艳的色彩可以将任何沉闷的房间变成一个戏剧性的空间。然而，鲜艳的颜色会吸引人的眼球，如果不只是用来做点缀，而是大面积使用，可能会让人感到不适。出于这个原因，应避免在工作台面上使用。

019

砖墙为空间增加了质感和特
色，起到画龙点睛的作用。也
可以把砖墙粉刷成白色，以减
少视觉冲击，使其与房间的其
他装饰融为一体。

020

卫生间的瓷砖是浅浮雕蜂窝状的，它为房间营造了气氛。为了适应不同的风格，瓷砖选用了陶瓷、玻璃和石材等材质，具有各种形状，并经过了哑光或亮光的表面处理，为空间增添了色彩和纹理。

Contemporary Loft
现代阁楼

ZPZ 合伙人建筑事务所
ZPZ Partners

◉ 意大利摩德纳市
© 莎拉·安杰尔和 ZPZ 合伙人建筑事务所

这个项目的精髓来自 17 世纪、18 世纪、19 世纪传承下来的古董家具与现代审美和生活方式之间的对话。

这套 250 m² 的公寓位于摩德纳市的老城区中心，占据了一栋老建筑的顶层。一扇宽大的玻璃窗外是一个巨大的露台，光线倾泻在大空间内，只有两个明亮的庭院打破了它的连续性。为了创造白色的单色场景，设计方案是要使用各种各样的材料：如砖、哑光漆面、木材、玻璃和金属等。

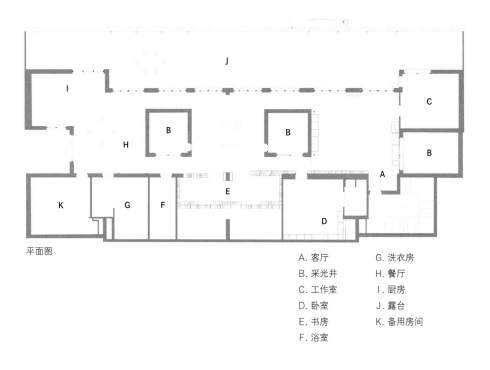

平面图

A. 客厅   G. 洗衣房
B. 采光井   H. 餐厅
C. 工作室   I. 厨房
D. 卧室   J. 露台
E. 书房   K. 备用房间
F. 浴室

两口采光井将长长的客厅分成三个区域。
由此产生的每个区域的面积都能适应人
口数量，人们可以在其中进行活动。

立方体建筑的平面图和立面图

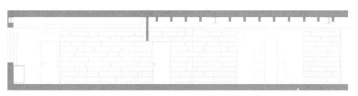

A-A 剖面图

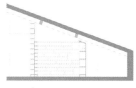

D-D 剖面图

B-B 剖面图

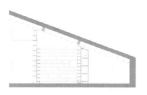

D-D 剖面图带可移动书架

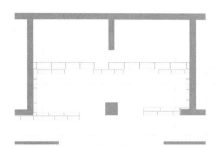

书房平面图

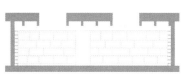

C-C 剖面图

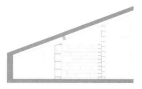

E-E 剖面图

白色搭配古董家具，没有引入新的颜色，
因此设计师创造出一个两种色调配置的
环境。

021

连接相邻空间的门和穿过门口的连续元素排成一列,加强了透视效果,凸显了建筑的深度。

022

单色配色方案能让人摸索出质
地等其他墙面处理的方法。我
们对质地的感知受到光线的影
响，光线会让墙面的特性——
粗糙或光滑，还是亮光或哑
光，一目了然。

房主收藏了 27 000 张 CD 和 DVD，一个配有推拉架子的光亮漆面中央立方体里装着其中一部分光碟，其余的分布在35 m 长的架子上。

光线也将单色场景的视线聚焦到同一处。
灯具只有最原始的形状，没有颜色，是
透明或不透明的球体，只是单纯为房间
提供光线，不再增加其他色调或材料。

Penthouse V
V 顶层公寓

德士提拉特建筑 + 设计
destilat ARCHITECTURE + DESIGN

◎ 奥地利波尔察赫市
◎ 德士提拉特

位于波尔察赫市的韦尔泽电影院（the Werzer cinema）由著名建筑师弗朗茨·鲍姆加特纳（Franz Baumgartner）于1930年设计，在修复电影院的过程中，部分桁架被抬高，被改成了一个宽敞的公寓。

这套250 m² 的公寓现在是德国一个七口之家的度假屋。该项目的主要挑战之一是，如何在突出6 m高的客厅天花板的同时，营造出温馨舒适的氛围。木地板、舒适的灰色调和奢华的白色表面是这套公寓宁静和谐氛围的基础。

平面图

0 　0.9　1.8　2.7　3.6　4.5m

宽敞的客厅被儿童房、客房和主卧室包
围起来，正中央是一间开放式厨房。

024

浅色似乎扩大了空间的范围，而深色往往能给人以厚重感，这种颜色对比有助于创建一个空间所需的外观和氛围。

厨房的饰面采用埃特尼特牌（Eternit）纤
维水泥板，这种设计是对奥地利战后建
筑的致敬。橱柜上的不平直线条为设计
增添了一丝新鲜感。

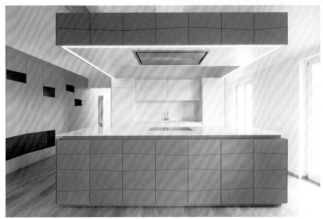

025

尺寸和比例对空间的感知和功能有很大的影响。一个空间可以看起来又高又窄,也可以又矮又宽。无论哪种视觉效果都没有问题,只看我们想要创造出什么样的效果。

LK Loft

奥利维尔·沙博建筑设计事务所
OLIVIER CHABAUD ARCHITECTES

◎ 法国巴黎市
◎ 菲力浦·哈登

　　LK Loft 位于一栋原汽车车库的五楼，是一个开放式空间，室内划分了明确的功能区域，相对的两侧尽头各有一个户外空间。LK Loft 保留了原有空间的精髓，裸露出原始的混凝土天花板，只有在绝对必要时才使用隔断墙。使用玻璃、天然木材、白色油漆和不锈钢等材料，能符合建筑原有的审美；巧妙的照明设计则起到了补充自然光的效果。以上元素无论在概念上还是实际上，均共建了一个和谐统一的空间。

从大门入口处，若要进入大阳光房和露台，必须路经开放式厨房—客厅—餐厅区域。Loft 的另一端还有第二个户外空间，穿过卧室即可到达。

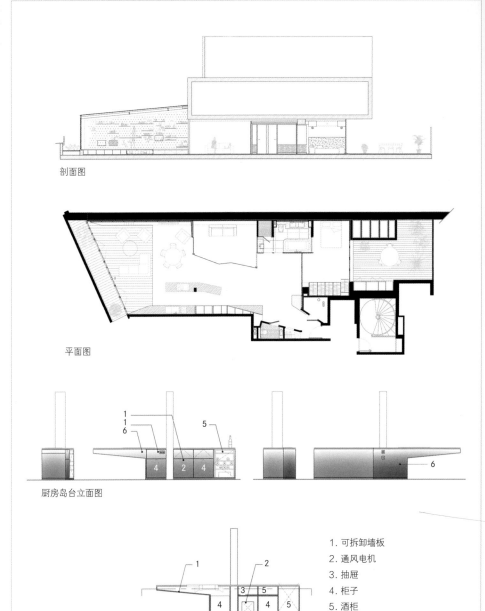

剖面图

平面图

厨房岛台立面图

厨房岛台剖面图

1. 可拆卸墙板
2. 通风电机
3. 抽屉
4. 柜子
5. 酒柜
6. 不锈钢板

原始的混凝土与地板的白色缎面形成了鲜明对比。这种对比非但没有干扰空间的统一性，反而丰富了 Loft 的质感。

026

巧妙的照明设计突出了原有元素和新元素之间的区别，同时凸显了材料的颜色和纹理的细微差别。

新元素和原有元素可以互相取
长补短。比如，厨房岛台就是
围绕着原有柱子设计而成。

半实心墙半玻璃的设计，让浴室和卧室可以通过百叶窗或卷帘窗，对相邻房间关闭或开放。墙的下半部分则可以用来放置家具和管道设施。

虽然 Loft 大部分是开放式的,但还是设计了一系列固定墙板和推拉墙板,以及主要由玻璃制成的旋转门,它们都能将不同的区域衔接起来。如果有需要的话,可以加装窗帘,以加强隐私保护。

029

无论露台是大是小，都会使
Loft 的空间更加开阔，并能通
风透气。室内外之间的过渡需
要经过仔细观察才能被设计出
来。室内和室外的地板可以齐
平，也可以在不同的高度上。

这套"三层倒转"的复式公寓是为一个喜欢款待设宴的家庭设计的，使用了各种各样的材料并减少了电梯装置，还能给人带来意想不到的感觉。原来的空间被改造成能进行一系列活动的空间，从前面的公共空间到后面的私人空间，都能适用于不同的功能和氛围。为了适合人们居住，所以对低矮的地下室负一层和负二层进行了改造，将后方的楼层拆除并重建，这样建筑就有了三层。

White Street Loft
怀特街 Loft

作品建筑公司
Work Architecture Company

⊙ 美国纽约州纽约市
◎ 布鲁斯·达蒙特

在公寓的后部设计了一扇新的典型钢框玻璃工业天窗，它与建筑同宽。这种设计能让光线均匀地散向所有楼层，为孩子们的区域提供了充足的光线。设计师还在下面的主卧室楼层打造了一个户外庭院。

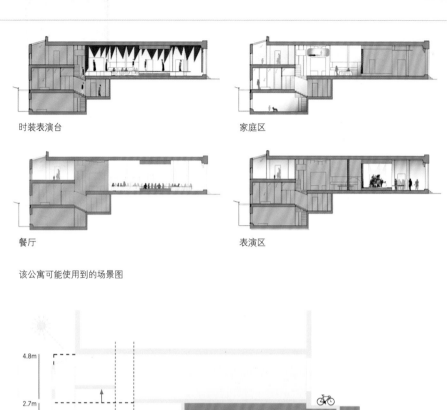

时装表演台

家庭区

餐厅

表演区

该公寓可能使用到的场景图

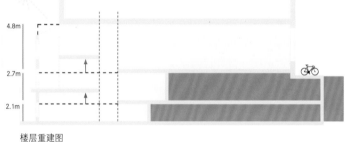

4.8m

2.7m

2.1m

楼层重建图

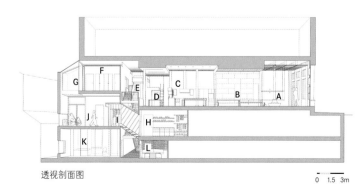

透视剖面图

A. 客厅
B. 竹制墙体吧台
C. 餐厅
D. 游戏桌
E. 狗的电梯
F. 儿童房
G. 通往主卧室
H. 女主人衣柜
I. 男主人衣柜
J. 主卧
K. 客房
L. 龙舌兰酒柜

0 1.5 3m

一楼平面图

A. 客厅
B. 竹制墙体吧台
C. 卫生间
D. 食品贮藏间
E. 餐厅
F. 厨房
G. 游戏桌
H. 家庭区 / 电视
I. 浴室 / 上方的阁楼卧室

J. 狗的电梯
K. 儿童房
L. 儿童卫生间
M. 带采光井的
　　儿童学习区
N. 通往露台
O. 淋浴间
P. 通往楼下主卧室
　　负一层平面图

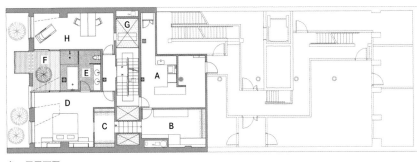

负一层平面图

A. 洗衣房
B. 女主人衣柜
C. 男主人衣柜
D. 主卧室
E. 主卫
F. 室外平台
G. 狗的电梯
H. 办公室 / 健身房

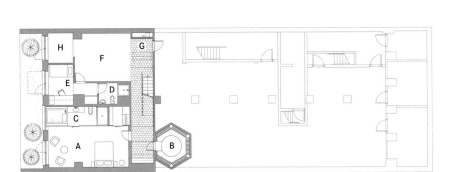

负二层平面图

A. 客房
B. 龙舌兰酒柜
C. 客房浴室
D. 保姆的浴室
E. 保姆房
F. 儿童游戏室
G. 狗的电梯
H. 舞台

0　1.5　3m

最前面那个楼层与街道同高，是一个阁楼式的客厅，特色是有白色的树脂地板和4.8m高的天花板；再往里走是一个竹制墙体的吧台，带内置式储物柜和可以从地板上升起的电动桌子，可供日式用餐。这些独特的桌子可以拼在一起，用作大型晚宴的餐桌，或者用作时装表演台。

030

区域可以通过颜色来划分，确立了与指定区域以外不同的空间体验。这避免了使用诸如控制台之类的家具来划分区域之后会妨碍舒适动线的可能性。

031

不锈钢的耐用性、抗热性及耐磨性，使其成为完美的厨房材料。无论是在工业环境，还是在时尚环境之下，不锈钢都是多功能的。

穿过厨房和餐厅，到达楼梯间前，有一个被弧形毛毡覆盖的墙壁、地板和天花板的环状空间，它其实是一间舒适的多媒体室和一间儿童专用的阁楼卧室。

引人注目的楼梯间采光井标志着楼层的转变，划分为前后两层楼，同时提供了两层楼之间的通道。通道还经过一座连接主卧室和大衣柜的半透明桥，以及一间狗屋／一部狗用电梯，电梯用于楼层之间搬运零食和玩具，以及载玩累的狗。

032

大窗户和天窗的组合使用，能让来自不同方向的光线均匀地照射到空间的每一个角落。半透明的隔断墙将进一步让光线散射到需要隐私的空间。

033

为了将光线引入黑暗的地下室，可以考虑在地基墙正上方安装半窗和太阳能灯管。然而，最好的解决方案是打造一个通往地下的院子，能将地下空间打开。

Fractal Pad
分形公寓

队形建筑
Architecture in Formation

◎ 美国纽约州纽约市
◎ 队形建筑

　　客户是一位年轻有为的华尔街经纪人，他想把自己名下的位于翠贝卡区的公寓内部改造成室内景观。建筑师把这套住宅设计成让人每天可以回归的柏拉图洞穴：通过打造抽象而包罗万象的室内风景，让居住者可以在此欣赏到独一无二的光影之美与神秘感，并摆脱外界带来的压力。设计出来的最终效果是为几何学和数学爱好者打造了一个和谐又奢华的绿洲。

034

即使家具不完全相同，对称的
家具布置也能够让人产生平衡
感并有想休息的感觉。

引人注目的新设计利用了原有的混凝土
柱子和红木地板之间的对比，同时使人
想起未来的私人飞机和原始洞穴。

035

缺乏自然光对建筑师来说不是问题，他们用间接照明完美地解决了这个问题。这种设计方案还可以加强空间的几何结构。

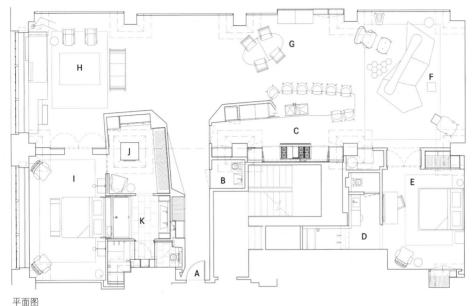

平面图

A. 入口
B. 卫生间
C. 厨房
D. 浴室
E. 卧室
F. 影音室
G. 餐厅
H. 客厅
I. 主卧
J. 更衣室
K. 主卫

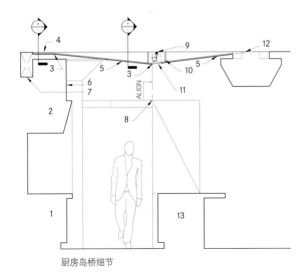

厨房岛桥细节

1. 炉灶
2. 油烟机
3. 折皱
4. 双层石膏墙板、HVAC 槽
5. 石膏墙板
6. 一排吊柜
7. 暖通空调的管道
8. 悬浮吊顶角
9. 胶合板钉
10. 灯箱内部涂漆。
　　石膏墙板被涂成纯白色

11. 灯槽
12. 岛桥的边缘将被修剪成
　　云底形状
13. 矮柜

对齐方式

以悬浮吊顶角为折点的中心线
房间的中心线

036

根据美国照明协会的说法，家庭中一般使用三种照明类型：环境照明、工作照明和重点照明。从主光源到集中照明，每一种照明都有特定的功能。

037

带角的形状有一种动态效果。材料和灯光可以加强这种效果，创造出惊人的虚假视角。

Tribeca Loft

翠贝卡 Loft

GRADE

◎ 美国纽约州纽约市

◎ 弗朗西斯・德兹科夫斯基、迈克尔・韦伯

　　这个项目的设计挑战是要在一套复式公寓中增加一个楼层，而这套复式公寓在之前就已经委托了同一批设计师进行过改造。附加层是一个 186 m² 的空间，位于复式公寓的正下方，融入了复式公寓的特色，打造成了一个充满活力、适合举办各种社交聚会的理想环境。附加层必须有儿童房，以及一间主卧套房和一间更衣室。

038

如果想展示房屋原有的一些设计，您可以将砖墙和屋顶桁架等空间的原始特征裸露出来。但是，要考虑清楚您想展示的特征，才能使它们与新设计很好地融合在一起。

整套公寓使用了独特的材料，表达出设计师想把公寓打造成一个前卫社交环境的雄心壮志；同时，设计师使用温暖、柔软的材料，塑造了一个家应有的内在品质。

039

随着厨房日益成为家庭社交生活的中心，照明设计必须要能够支持各种活动——因此，这里混合使用了一般照明、工作照明和重点照明。

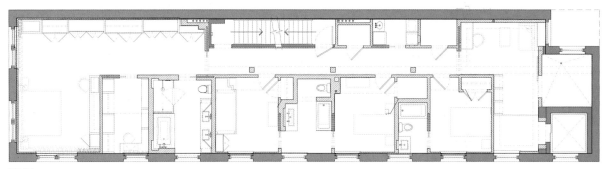

平面图

该项目的改造范围包括对现有的立柱重
新定位，以创建出一个单柱荷载大厅。
这样就可以设计出有合理比例的卧室和
浴室，并将这些房间沿着有窗户的墙壁
一字排开。

设计师使用了意大利黑色大理石等高端材料，并注重一丝不苟的细节设计，使浴室散发出性感、酒店般的吸引力。

040

您可以通过设计调整使楼梯尽可能地敞开，把自然光带入房子内。假设楼梯的顶部有光源，这个目标就可以实现。

这个项目包括大规模地改造公寓。设计团队被允许自由创造，因此他们可以尽情地探索改造已有空间，但条件是他们要设计出一个室内游泳池。最终不仅这一要求得到了满足，而且原有的空间被改造成了宽敞明亮的错层住宅，高天花板也得到了充分利用。玻璃隔断墙、大窗户和照明设计结合起来，使可用空间呈现出最佳效果。

Loft with Indoor Pool
带室内游泳池的 Loft

区域建筑设计事务所
AreaArquitectura.Design

◎ 西班牙雷克纳市

◎ 胡安·大卫·富埃尔特斯·加西亚

客厅可以看到错层的景色：一个包含主
卧室的开放式空间，一间厨房加餐厅，
下楼就能来到游泳池边，上楼就能到
阳台。

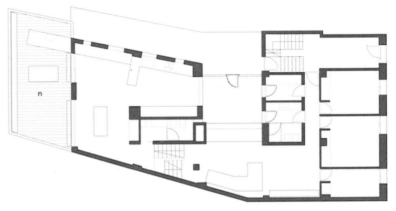

上层平面图

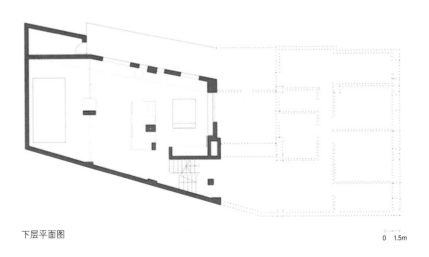

下层平面图

0   1.5m

041

悬浮式楼梯具有雕塑般的特征，成为人们关注的焦点。它使各楼层之间有了视觉连接，并能让光线穿过，给人通风透气的感觉。

挨着阳台的厨房和餐厅都有充足的自然
采光，来自厨房柜台上方窗户的采光可
以补充这两个区域的照明。

042

卷帘有透明面料、半透明面料和遮光面料等，还有多种颜色，适用于各种装饰风格。值得一提的是，遮光面料可以保护家具不被阳光直射，避免褪色，因此为气候造成的影响提供了一种解决方案。

其他房间的简约风格延续到主卧，仅仅通过磨砂玻璃隔断墙和推拉墙板来实现功能分区。沿着有窗户的墙壁一字排开的书桌加强了这种效果。

043

即使在公寓这种开放式住宅中，浴室通常也是独立的房间，但这种独立性并不会影响到空间的开放性特色。

Loft in South Moravia
位于南摩拉维亚州的 Loft

奥拉
ORA

⚲ 捷克米库洛夫镇
© 扬·绍洛德克

　　这套公寓建于 19 世纪末，是一所学校旧建筑的一部分。该公寓位于南摩拉维亚州的一个小镇上，该小镇以独特的风景和葡萄酒而闻名。为了在大厅上方建造一个阁楼，屋顶被新的水泥覆盖。因此，一个奇妙的雕刻木盖被隐藏了起来，而空间则被分成多个楼层。所以如果要改造这个空间，目的肯定是为了完全恢复到原来的状态。

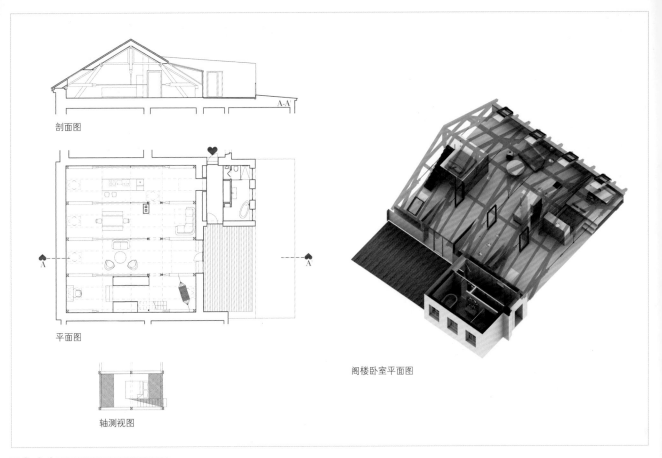

剖面图

平面图

轴测视图

阁楼卧室平面图

044

为了保持建筑结构的原始特征，历史建筑的翻新通常需要遵循建筑法规。

人字形木屋顶除了能作为空间的主要装
饰元素外，还能嵌入巨大的天窗，使屋
内光照充足。

045

阁楼可以提供额外的居住空
间，这样就能满足不同的需
求，而不仅仅被当作寻常的储
物间来使用，因此人字形屋檐
下舒适而有吸引力的空间就得
以被充分利用。

空间被拉紧的槽钢分割。在不改变其用途的情况下找到穿过它们的方法，那就要增加钢制框架，并把它们当作门来使用。

为了能给空间提供新的用途和美感，同时尊重原有建筑结构，这个项目翻新了原来的空间。那是一个明亮的长方形"过道"，人字形屋檐搭建在桁架和木材竖框结构上。为了实现室内连续性，两面隔断墙被拆除，形成了一个大而清晰的开放式空间。巨大的顶棚将卧室与其他房间隔开，卧室包含衣柜、床、壁炉和一部能到达"避难所"（顶棚）的楼梯。为了不破坏空间的精髓，墙壁保持原封不动。

House HR
HR 小屋

奥拉基亚加建筑事务所
Olalquiaga Arquitectos

◎ 西班牙马德里市
◎ 米格尔·古兹曼

为了隔开住宅，对外墙墙体的内部进行了加固，因此这个住宅可以在不改变原有结构的情况下连接其他设施。而空调则是通过使用地板下的冷／热传导系统来安装的。

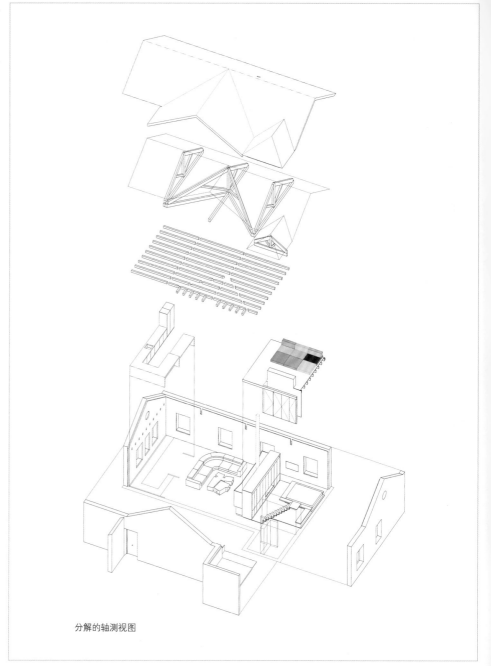

分解的轴测视图

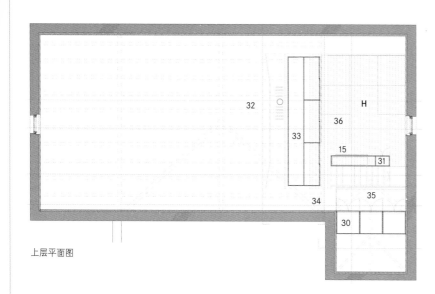

上层平面图

1. 冰箱
2. 冰柜
3. 酒柜
4. 洗碗机
5. 烤箱
6. 入口木门内侧被涂成白色，半光面，外侧与原来一致，配有夹层磨砂玻璃门楣
7. 通往电表的中密度纤维板门，白色半光面涂层
8. 踢脚线，白色半光面涂层
9. 抛光水泥地板
10. 不锈钢板，与墙面齐平
11. 中密度纤维板门，白色半光面涂层
12. 中密度纤维板，镀锌包层，外侧涂烟灰色，内侧涂白色，半光面
13. 中密度纤维板推拉门，镀锌包层，外侧涂青铜色，内侧涂白色
14. 保温材料
15. 电视屏幕
16. 通风室
17. 中密度纤维板旋转门，镀锌包层，外侧涂青铜色，内侧涂白色
18. 中密度纤维板，白色半光面涂层
19. 中密度纤维板旋转门，白色半光面涂层。隐藏式铰链，嵌入式不锈钢门把手和不锈钢板
20. 中密度纤维板，涂白色，带水平凹槽
21. 中密度纤维板壁橱正面，漂白枫木包层
22. 中密度纤维板推拉门，白色半光面涂层
23. 实心松木梯面，表面光洁
24. 防水中密度纤维板门，白色半光面涂层。嵌入式不锈钢门把手和不锈钢板
25. 洗衣机
26. 烘干机
27. 热水器
28. 防水中密度纤维板门，白色半光面涂层
29. 防水中密度纤维板，白色半光面涂层
30. 储物柜
31. 壁橱
32. 通风孔
33. 花盆
34. 玻璃护栏
35. 半透明 PVB 夹层玻璃
36. 松木板地板，光洁染色

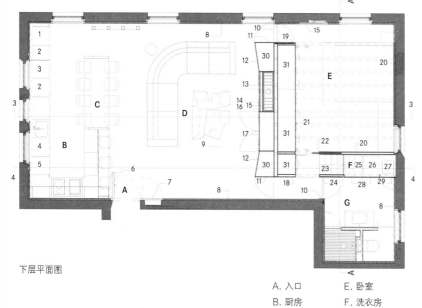

下层平面图

A. 入口　　E. 卧室
B. 厨房　　F. 洗衣房
C. 餐厅　　G. 浴室
D. 客厅　　H. 客房

剖面图 A

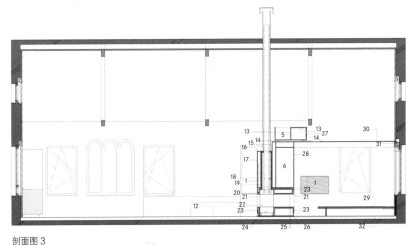

剖面图 3

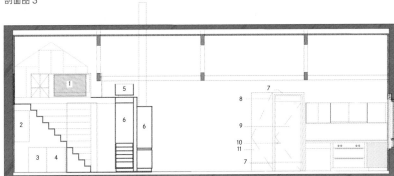

剖面图 4

1. 电视屏幕
2. 热水器
3. 烘干机
4. 洗衣机
5. 花盆
6. 橱柜
7. 门框，白色半光面涂层
8. 半透明 PVB 夹层玻璃
9. 强化木门，白色半光面涂层，固定门楣
10. 不锈钢门把手
11. 通往电表的中密度纤维板门，白色半光面涂层
12. 抛光水泥地板
13. 中密度纤维板，白色半光面涂层
14. 中密度纤维板花盆底座，白色半光面涂层
15. 中密度纤维板，白色半光面涂层
16. 中密度纤维板，白色半光面涂层，带通风孔
17. 中密度纤维板推拉门，外侧为青铜色的
    镀锌包层，内侧涂白色
18. 保温材料
19. 通风室
20. 中密度纤维板门框，镀锌包层，涂烟灰色
21. 钢制箱体，与门框相匹配的喷漆
22. 燃气壁炉
23. 钢板，与门框相匹配的喷漆
24. 中密度纤维板踢脚线，镀锌包层，涂烟灰色
25. 壁炉周围由两层带岩棉保温层的墙板构成
26. 中密度纤维板贴墙板，漂白枫木包层
27. 推拉门，白色半光面涂层
28. 中密度纤维板壁橱正面，漂白枫木包层
29. 橡木制成的长凳和边桌，染深色
30. 松木板地板，光洁染色
31. 中密度纤维板，涂白色，带水平凹槽
32. 橡木板地板，染深色
33. 玻璃护栏
34. 橡木制成的推拉式边桌，染深色
35. 中密度纤维板旋转门板，白色半光面涂层，
    有矩形孔
36. 中密度纤维板推拉门，白色半光面涂层
37. 实心松木梁
38. 镶框图片
39. 中密度纤维板门，白色半光面涂层
40. 中密度纤维板橱柜内部，漂白枫木贴面
41. 玻璃淋浴门和不锈钢门把手

046

厨房半岛台为实际的烹饪工作划定了分界线。在将厨房与邻近区域隔开的同时，厨房半岛台像厨房岛台那样，可以兼作准备食物和提供膳食的操作台。

047

根据建筑法规，由于高度限制，斜屋顶下的区域不能长期用作可居住区域，但您可以把这个区域设置成舒适的阅读角或偶尔小憩的阁楼卧室。

048

隐藏式照明灯具可以创造出戏剧性的灯光效果，它们可以提供重点照明，以凸显照明区域的颜色、纹理和样式，亦可着重照射某些元素。也可以把光线投射到特定区域或者是做特定工作的地方。

这套精美的 281 m² 的公寓位于伦敦市最具代表性的建筑之一——西塔最上面的三层楼。房主聘请 TG 工作室将一套标准的公寓改造成一个豪华而精美的家。

楼下被厨房、餐厅、电视区和两间套房占据。夹层有舒适的客厅，还有一张收藏家的台球桌，这张台球桌属于房主所有。楼上有主套房，在那里，人们可以得到放松，并享受绝佳的景色。

St. Pancras Penthouse
圣潘克拉斯顶层 Loft

TG 工作室
TG-Studio

◎ 英国伦敦市
© 彼得·瓦伊尔

客厅和餐厅被布置得很优雅。由于大空间容易产生混响，墙壁上铺设了隔音粗麻布。

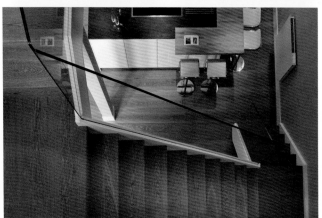

橡木楼梯不仅连接这套公寓的不同楼层，而且上下方设有一个私密的阅读角、一个宽敞的书架以及储物柜。

049

方位和风景往往决定了一个家的布局。您可以根据这些因素来规划房间。在多层住宅中，位于最高层的房间通常视野最好。

夹层平面图

上层平面图

下层平面图

050

尽管浴室很私密，但它依然能体现公寓的开放特征。增强开放感的元素，一是高高的天花板；二是使用玻璃隔断墙而不是实心隔断墙。

在客厅上方的平台是一间温馨的开放式
卧室，其设计是为了让居住者能最大限
度地欣赏伦敦市的美景。

Labahou
拉巴乌

行星工作室
Planet Studio

◎ 法国昂迪兹市
◎ 劳伦·迪斯特尔、卢多维奇·马尔西亚

这套公寓在 20 世纪 90 年代之前是一间造纸厂，一直处于废弃状态，后来行星工作室把它改造成具有普罗旺斯传统特色的现代住宅。

原来的工厂由两栋楼层不同的建筑组成。第一栋建筑是在传统的木框架上浇灌混凝土建造而成，这栋建筑现含有客厅及开放式厨房，并且其余几层楼作为日常生活场所。有金属横梁的第二栋建筑包含卧室和一个拆除了部分屋顶的庭院，这样就能使自然光穿透卧室，并将所有的住宅元素整合在一起。

051

如果您在家里对额外的空间有
需求，可以考虑建一个夹层。
无论是需要储物空间、办公空
间，还是想多一间卧室，夹层
都能提供终极的解决方案，满
足不同的功能需求。

新房主想要一个现代化的家，但也希望公寓与所处的周边环境相融——因此，家具、横梁和木材等细节都采用了非常典型的普罗旺斯风格。

现场全景图

施工范围

组织结构图

结构
1. 金属结构
2. 木结构

视图示意图

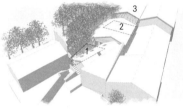

室外空间
1. 花园
2. 中庭
3. 去除了屋顶

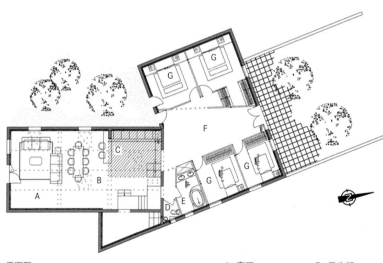

平面图

A. 客厅　　　　　　D. 卫生间
B. 餐厅　　　　　　E. 浴室
C. 厨房（楼下）/　　F. 前庭
　办公室（楼上）　　G. 卧室

喷泉是整个住宅建设项目里的点睛之笔，它成为花园的一个重要组成部分，设计师的灵感来源于地中海。

这套公寓的前身是位于一家面包店上方的仓库。沐浴在自然光下的大型开放式空间是这个项目设计灵感的来源，设计师在空间里保留了巴黎市罕见的某些特点，同时寻求空间之间的相互影响。原有的木质结构为镀锌屋顶下方的环境带来温暖的气氛。受到"潮人"美学的启发，它充满了细节，这套公寓里的装饰和家具都是从西班牙、瑞典和法国精挑细选的，并交由 Multiarchi 设计。

112 Belleville Hills
贝勒维尔山庄 112 号

Multiarchi

◉ 法国巴黎市

◎ 克里斯多夫·高伯特

052

小空间住宅需要一种设计方法来最大限度地利用现有空间。通常情况下，最好的设计方案是探索建筑元素的多功能性——比如，兼作书架的楼梯等。

053

在小空间里，尽可能避免建造
实心隔断墙，这会让人感觉空
间很拥挤，甚至比实际的空间
还要小。相反，如果选用如推
拉墙板和窗帘等可移动的设计
方案，就能提供更多的灵活性。

浴室里的液压瓷砖让人想起古典的地中海住宅风格。

Loft in Bordeaux
位于波尔多市的 Loft

特里萨·萨佩书房
Estudio Teresa Sapey

⊚ 法国波尔多市
© 特里萨·萨佩书房

　　这套公寓位于工业区的一间车库之中，被一个游泳池分成两个截然不同的区域：一个区域促进社交，另一个区域则维护家庭生活的亲密关系。房间围绕着中央露台布置，楼上和楼下的房间之间处于垂直关系。露台进一步增加了原始屋顶桁架的建筑结构的高度，并允许充足的自然光照进这套公寓。该设计把对空间的有效利用，以及对色彩和图形的巧妙应用结合起来，能够激发居住者的幸福感和愉悦感。

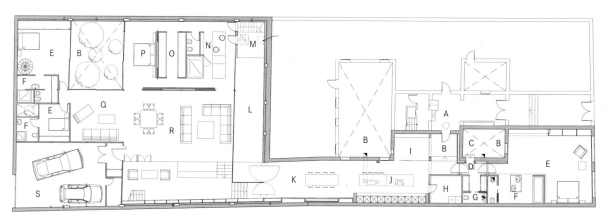

平面图

A. 入口   H. 食品贮藏室   O. 步入式衣帽间

B. 入户大厅   I. 地窖   P. 主卧

C. 庭院   J. 厨房   Q. 休息室

D. 前庭   K. 正式餐厅   R. 餐厅/客厅

E. 卧室   L. 游泳池   S. 车库

F. 浴室   M. 机械室

G. 卫生间   N. 主卫

054

车库往往是房屋中容易被忽视的空间，因为设计师的注意力很少在大门之外。这座位于波尔多市的 Loft 也证明了这一点，整间车库只使用了简单的材料和颜色来装点。

055

乙烯基墙贴是使家充满个性化的一种快速而有趣的方式。墙贴很容易粘在墙面上，不需要提前准备。在家里的任何一间房都可以使用墙贴来创造具有吸引力的聚焦点。

056

充分利用半层楼上的高天花板，不仅能增加空间的可用面积，还能创造出富有动感的建筑风格。

主卫有雕塑般的人造石盥洗台，这种材料
因其精美的外观，很容易让人感到这个空
间非同凡响。

Loft Buzzi
布齐 Loft

詹卢卡·森特拉尼
Gianluca Centurani

◎ 意大利亚历山德里亚市
◎ 詹卢卡·森特拉尼

　　设计师采用现代理性和功能性的设计方法，将这个位于新建筑顶层的三居室公寓和一个未被使用的阁楼空间，合并设计成了一套独特而令人印象深刻的 400 m² 的公寓。该公寓带有一个露台，从那里可以俯瞰亚历山德里亚市郊外的一个中世纪小镇的中心。

　　该公寓是围绕着一间位于中央有双层高度的休息室建造而成的，住宅的其他房间都与这间休息室连通。此外，它的设计还能为室内外之间提供完整互动。

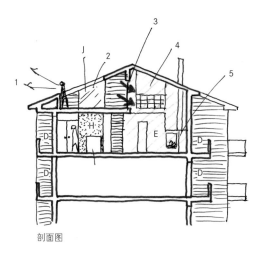

剖面图

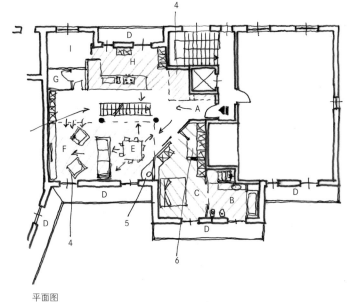

平面图

A. 入口
B. 浴室
C. 卧室
D. 阳台
E. 餐厅
F. 客厅
G. 卫生间
H. 厨房
I. 洗衣房
J. 露台

1. 全景视角
2. 从窗口往下看入口
3. 从窗户往下看
   客厅和餐厅
4. 双层高度
5. 壁炉
6. 壁橱

057

楼梯不仅用来连接多个楼层，还可以划分周围的空间，甚至可以成为设计特色。

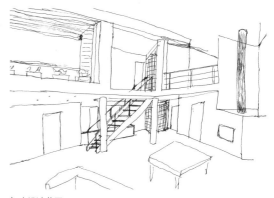

初步设计草图

厨房家具闪亮的红色漆面，打破了整个空间使用的中性色调，突出了厨房的容积，并标出了空间分布的界限。

058

在相邻的空间里使用相似的材料，能够创造出一种连续性：无论任何功能，空间都会相互连通。

Cornlofts Triplex
Cornlofts 三层重建

B² 建筑事务所
B² Architecture

◎ 捷克布拉格市
◎ 迈克尔·谢巴

　　这个空间位于布拉格市卡林区的一栋老式工业建筑"Cor-nlofts"内，为兼顾生活和工作而设计。设计师抛弃了传统的设计，目的是最大限度地利用空间和自然光。

　　重新设计这套公寓的另一个出发点是，想在老式的工业设计及现代风格和材料之间找到平衡。考虑到这一点，设计师使用定制家具将复古和现代完美地融合在一起。

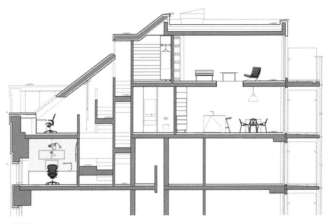

建筑剖面图

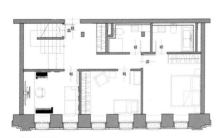

一楼平面图

二楼平面图

三楼平面图

砖墙、回收的木桌、复古风格的吊灯，
与现代化设计的厨房岛台和 LED 半导体
照明形成对比，这样就能让两种设计风
格融合在一起。

部分原有的地板平台被替换成中空的玻璃。在不浪费空间的情况下，人们通过这种方式，能够眺望到楼下奇特且意想不到的景色，并且使自然采光更加充足。

059

音乐室的声音处理可以像上图所示那样简单。只要把声学泡沫板铺在墙壁和天花板上，就能减少噪声传播。声学泡沫板有多种形状、尺寸、厚度和颜色可选。

设计师精心挑选了半透明的玻璃衣柜门，
这种衣柜门除了具有独创性和美感之外，
还能透进光线，因此给人一种宽敞感和
视觉连续性。

060

就算没有（或无法）为马桶建
造单独的小房间，将马桶与浴
室的其他部分隔开也很简单，
只需在墙面上安装一块薄薄的
隔板就行，选择的材料也可以
和在房间里用的一致。

这套为一名年轻的时装设计师设计的小面积 Loft，设计目的在于优化现有的可用空间。原来的布局是由一系列的小房间组成，而现在的改造项目则包括要拆除各种内部隔断墙，并插入方块状家具，将空间分成两个区域。它拥有多种功能，有楼梯、办公室、储物间和陈列室，其中一侧被用作客厅，另一侧则为卧室和厨房腾出空间。

HIKE

扎博项目组
SABO project

◎ 法国巴黎市
◎ 扎博项目组

061

该 Loft 空间给设计师提供了一个既吸引人又具有挑战性的设计良机。如果净空高度允许的话，设计师可以考虑加一个中间楼层，这样既可以增加建筑面积，又可以把这个楼层用作完美的卧室。

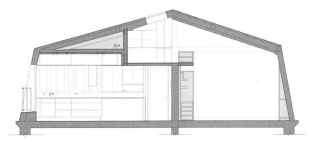

剖面图

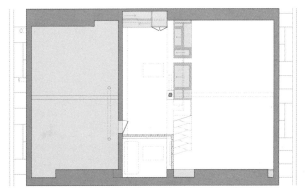

上层平面图

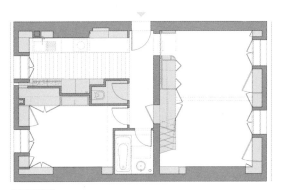

下层平面图

062

错步楼梯是阶梯楼梯的一种变体。由于错步楼梯比普通楼梯更陡峭，所以这是节省空间的设计方案，非常适合在小空间里使用。

在厨房里，不锈钢台面全部被焊接在同一面的墙上，总边长超过 4.5m，提供了宽大的工作台面。台面醒目的直线与彩色条纹地板垂直。注意看厨房一角的绿植，为住户带来了新鲜的空气。

这套公寓位于一栋建于 1913 年的建筑中，过去曾是一间铸造厂。在 1980 年的一次住宅整修之后，所有的水泥柱和天花板都被掩盖起来。设计师拆除了大部分的隔断墙和约 1 m 高的假天花板之后，原来的建筑露了出来，内部空间也因此被扩大了。这个崭新的、更开放的空间同时具有不透明性和透明性，能够在保护隐私的情况下，将自然光带到室内所有的角落。房间之间的新连接创造了一种连续性。

Doehler
德勒

扎博项目组
SABO Project

⊚ 美国纽约市布鲁克林区
◎ 扎博项目组

大窗户使人们可以像欣赏一幅画作一样
欣赏风景，并与整套住宅使用的纯白色
形成对比。

063

一系列量身定做的木质橱柜从厨房延伸出来，将楼梯、储物间、照明和工作台面结合在一起。这种多功能的设计尽可能地优化了空间。

浴室的设计使用了菱形瓷砖，它决定了浴室的大小。白色的哑光柜子最大化地增加了储物空间，这些柜子有着光滑的质地，与柱子的粗糙水泥形成鲜明的对比。

Superfuture Design
超级未来设计

ASZ 建筑事务所
ASZ architetti

◎ 意大利佛罗伦萨市
© ASZ 建筑事务所

　　这套 Loft 是一座 18 世纪的修道院的一部分。该修道院被分割成多个居住空间，只留下一间房对外开放，所以只有一个自然光源。ASZ 建筑事务所的改造从捣毁内部开始，清除掉几个世纪以来积累的所有空间改建材料。通过增加一系列不同高度的夹层，原来 70 m² 的空间被改造成 99 m² 的高利用率 Loft。

064

在小空间里，最好将材料和颜色的选择控制在最小范围，以免造成令人压抑的氛围。

065

多层楼建筑结构非常有利于设计师充分利用可用空间。这种规划特别适用于小空间，所以这种结构常见在密集的城市环境中，可以在生活与工作并存的 Loft 小空间中满足所有功能需求。

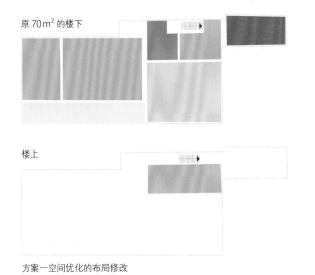

原 70 m² 的楼下

改造后的 99 m² 的楼下

楼上

楼上

方案一空间优化的布局修改

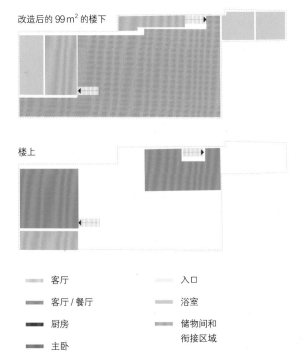

▬ 客厅		▬ 入口	
▬ 客厅 / 餐厅		▬ 浴室	
▬ 厨房		▬ 储物间和衔接区域	
▬ 主卧			

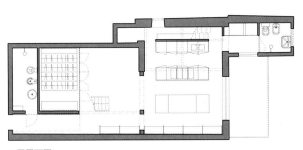

下层平面图

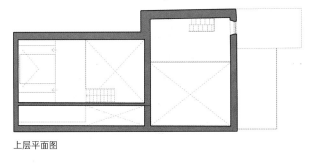

上层平面图

小空间总是意味着设计具有挑战性。如何在不过度分割空间的情况下规划不同的功能区？可以考虑让整个空间保持开放式，只用最小的分隔物围住需要保护隐私的区域。

这套 Loft 在以前的一个帽子工厂内，属于一位知名摄影师和他的合作伙伴。设计师在这里创造了一个光线充足的空间，使用了灰色的水泥地面和肉眼可见的屋顶结构，来展现该建筑的工业历史。这种设计与巧妙的哑光定制家具搭配起来，只有日常必需的东西才能出现在视线之内，从而形成一个简约有序的环境。

厨房、餐厅和客厅实现一体化，通过一个双扇门与私人区域隔开。

Photographer's Loft
摄影师的 Loft

布鲁兹库斯·巴捷克
BRUZKUS BATEK

⊘ 德国柏林市
© 布鲁兹库斯·巴捷克建筑事务所

厨房家具采用了哑光黑白配色来装饰细节,延续了所有室内配件所展示出来的极简美学。只有纹路清晰的大理石台面给空间带来了一丝反差对比。

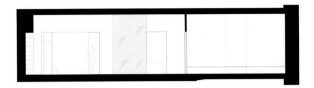

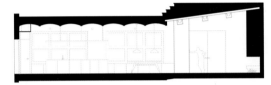

纵剖面图

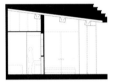

横剖面图

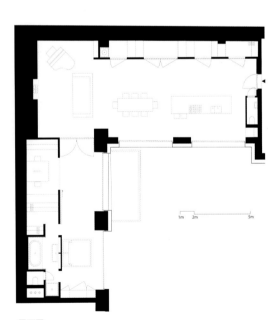

平面图

067

在玻璃、不锈钢和混凝土等
"冷"材料占主导的空间中，
木质墙板为空间增添了温暖。
此外，木板丰富的纹理平衡了
这些主要材料的同质性。

Loft in the Countryside

乡间的 Loft

ASZ 建筑事务所
ASZ architetti

⊙ 意大利佛罗伦萨市
© ASZ 建筑事务所

　　ASZ 建筑事务所改造这间位于佛罗伦萨市北部山区的旧谷仓的主要目标是，为了在其独特的功能和优雅的当代美学之中找到平衡点。设计师重新设计了内部结构，使原有的宽敞空间得到优化，这样就能获得最大的使用面积，同时保持公寓的开放性。

　　改造这套公寓还必须注意法律要求，设计师不仅不能破坏该地区的景观，还要提高建筑的抗震能力。为了减轻建筑结构的重量，设计师选用了不锈钢屋顶。

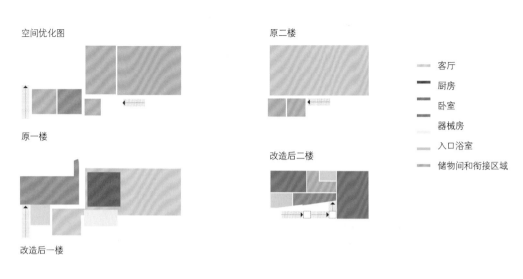

空间优化图

原二楼

原一楼

改造后一楼

改造后二楼

客厅
厨房
卧室
器械房
入口浴室
储物间和衔接区域

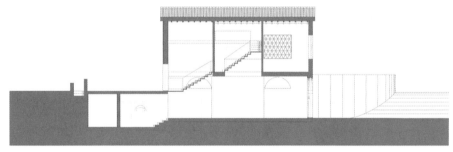

纵剖面图

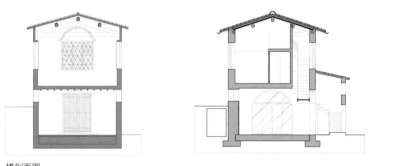

横剖面图

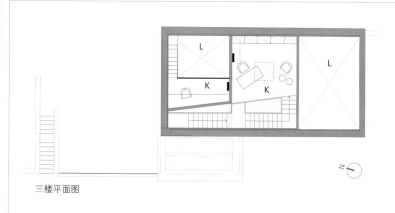

三楼平面图

068

最常见的改建类型可能就是将
空间改造成住宅。这主要是因
为人们对高质量的住房有很高
的需求，渴望探索新的、不同
的生活方式。

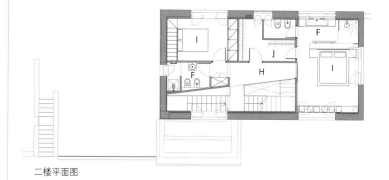

二楼平面图

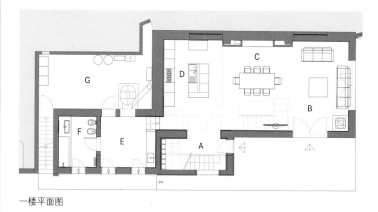

一楼平面图

A. 入口大厅
B. 客厅
C. 餐厅
D. 厨房
E. 储物间
F. 浴室
G. 器械房
H. 前庭
I. 卧室
J. 步入式衣帽间
K. 工作室
L. 通往楼下的通道

069

如果要改建房屋，那么设计师可能需要增加新的支撑结构和连通上下楼层的元素，以适应新的室内布局。如果已经拆除掉部分墙壁，可能还需要加固被保留下来的旧墙。

混凝土楼梯增强了公寓的空间体验，连通不同的室内楼层，并在每一个拐角处都提供了令人兴奋的不同景观。

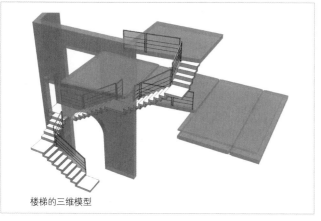

楼梯的三维模型

Haruki's Apartment

Haruki's 公寓

The Goort

◉ 乌克兰马里乌波尔市

© The Goort

这套只有 35 m^2 的单间公寓,位于历史悠久的市中心的一栋两层红砖建筑的一楼。

现任房主是一对年轻夫妇,他们选择了现代城市公寓的样式,空间宽敞明亮,家具虽少,但室内功能应有尽有。天花板的高度约 4 m,是解决空间问题的关键:它被改造成一个低层(公共)区域和高层(私人)区域,由一个功能性设计的木铁楼梯连接。

070

通过充分利用天花板的高度，
最大限度地增加了 Loft 的储
物量。顺着架在高柜上的移动
式梯子攀爬，可以到达任何
角落。

这里没有单独的工作区，它是由一个在
窗户下方沿墙搭建的长架子构成的。它
可以作为在厨房区域的便餐桌。

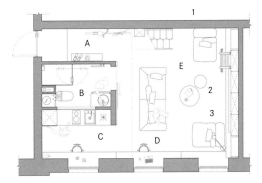

下层平面图

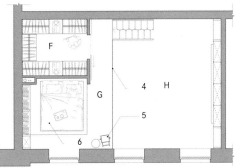

上层平面图

A. 入户门厅　　　1. 鹅卵石阶梯
B. 浴室　　　　　2. 移动式梯子
C. 厨房　　　　　3. 投影屏
D. 办公室　　　　4. 玻璃栏杆
E. 客厅　　　　　5. 落地镜
F. 步入式衣帽间　6. 平台床
G. 卧室
H. 通往楼下的通道

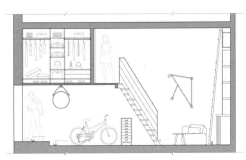

AA 剖面图

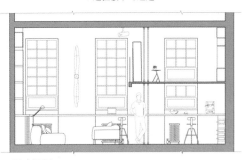

CC 剖面图

BB 剖面图

DD 剖面图

总平面图

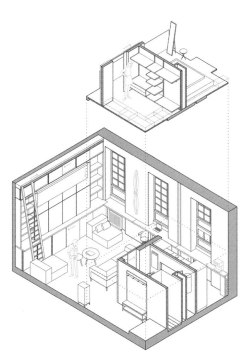

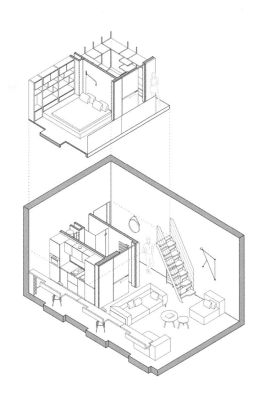

等轴视图

071

在建筑和室内设计中，功能决定一切。在设计一个空间时，最重要的是要根据空间衔接、动线和空间大小，来决定不同的功能如何适用于一个区域内。

厨房电器图

1. 袖珍洗衣机
2. 单层电烤箱
3. 袖珍洗碗机
4. 电炉
5. 内置式抽油烟机
6. 袖珍水槽
7. 内置式冰箱

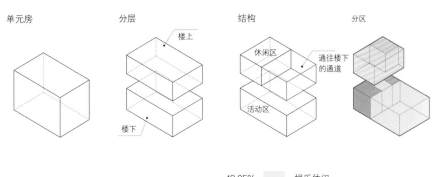

单元房　　　分层　　　结构　　　分区

楼上
楼下

休闲区
通往楼下的通道
活动区

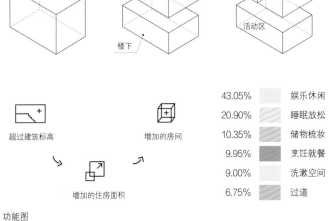

超过建筑标高

增加的房间

增加的住房面积

43.05%	娱乐休闲
20.90%	睡眠放松
10.35%	储物梳妆
9.95%	烹饪就餐
9.00%	洗漱空间
6.75%	过道

功能图

072

具有创意的装饰理念，如黑板或乙烯基墙贴花，可以创造出独特的空间，让人感到既随意、俏皮，又很实用。

贴在墙上的短语是很成功的装饰点缀，
它表达出了居住者的感受，并赋予了空
间个性。字体与住宅的风格也十分吻合。

DO
ALL
THINGS
WITH
LOVE

073

新材料和回收材料混合产生的
纹理，创造了折中主义装饰风
格，令人感到既吸引又放松。

Industrial Loft
工业风 Loft

迭戈·吕沃洛
Diego Revollo

⊙ 巴西圣保罗市
© 阿拉因·勃鲁基尔

这套 Loft 将现有空间的工业特征与舒适性和当代设计结合起来。散发着温暖气息的材料和颜色，与其他具有粗犷工业魅力的材料和颜色形成了鲜明对比。墙壁和天花板被设计为单一的围护结构，加强了整个室内空间的一致性。Loft 内部的各个部分组合成一个完成的整体，与居住者心目中的自组织空间相吻合。

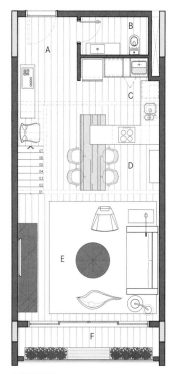

下层平面图

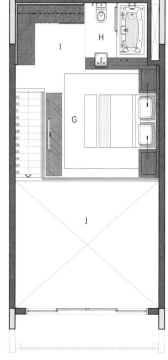

上层平面图

A. 入户门厅
B. 卫生间
C. 厨房
D. 餐厅
E. 客厅
F. 露台
G. 卧室
H. 浴室
I. 更衣区
J. 通往楼下的通道

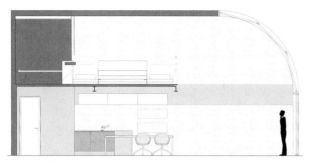

纵剖面图 1

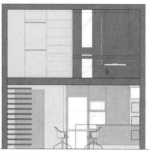

横剖面图

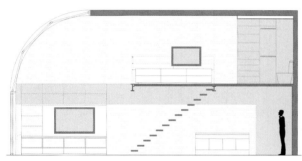

纵剖面图 2

一面与天花板相接的弧形玻璃墙，能最大限度地利用自然采光。房间均匀地接收来自不同角度的光线，创造出微妙的光影变化。

由于有效地利用了可用空间并精选了轻便型家具，整套 Loft 布局紧凑，看起来并不拥挤。

074

根据窗户朝向，可能需要某种
防晒措施。这可以保护您的窗
户，避免给室内带来过多的热
量和眩光。

075

设计师经常采用连续元素将相邻区域衔接起来，以确保开放式空间的完整性。

076

如果两个区域之间需要分隔，但同时又想强调空间的连续性，并保持视觉上的联系，那么有时只需用一面玻璃窗即可。

这套 Loft 位于一栋历史悠久的 19 世纪建筑中，占据了三层楼的三分之一，它的大窗户能俯瞰城市。设计的目的是想保留原有的砖墙，并强调大玻璃窗户和高天花板所营造出的开放感和通透感。

布局很简单：这套一居室的住宅是开放式空间，内含开放式客厅、餐厅 / 厨房、客用浴室和洗衣房。此外，楼梯通往楼上的书房。

Downtown Loft
位于市中心的 Loft

迈克尔·菲茨休建筑事务所
Michael Fitzhugh Architect

◎ 美国密歇根州特拉弗斯城
◎ 布莱恩·康弗

为了打造一间小型办公室，设计师设计了早餐吧，可以在这里进行非正式用餐。厨房岛台／早餐吧台与凳子的组合是越来越流行的节省空间的设计方案。

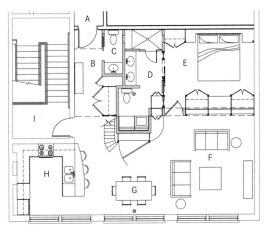

主楼层平面图

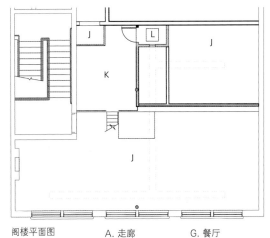

阁楼平面图

A. 走廊　　　　　G. 餐厅
B. 门厅　　　　　H. 厨房
C. 卫生间　　　　I. 出口楼梯
D. 浴室　　　　　J. 通往楼下的通道
E. 卧室　　　　　K. 阁楼
F. 客厅　　　　　L. 空调房

裸露的砖墙因其特有的天然色彩，可以作为任何房间的焦点，非但不会让人感觉到冷淡，反而增加了质感，起到装饰的作用。

Staggered House
错层式住宅

架构建筑工程事务所
schema architecture & engineering

◉ 希腊雅典市
© 玛丽安娜·阿萨纳西亚杜

这套房子位于雅典市郊的伊哈瑞亚区，许多知识分子和艺术家居住在这里。该设计项目的本质是在不影响房子个性的前提下，将这套昏暗且面积有限的旧住宅改造成一个家庭住宅。

为了充分利用这个有限的空间及其高度，改造工作是垂直向上进行的，在开放式布局中创建了多个楼层。因为材料和家具都是精心挑选的，所以新改造的风格和原有装修风格结合得天衣无缝。

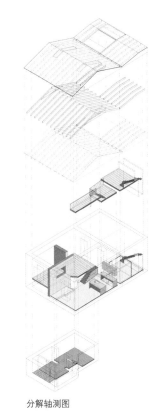

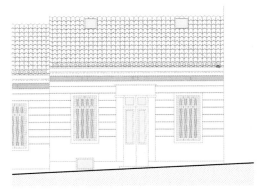

正立面图

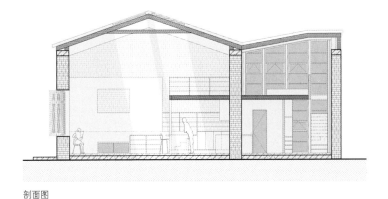

分解轴测图　　　　　剖面图

079

保护历史建筑的最大挑战是要
确定如何在不破坏建筑原有特
征的情况下将其改造。

二楼平面图

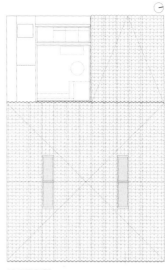

屋顶平面图

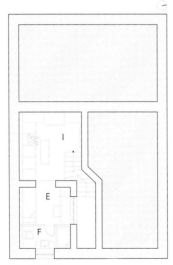

地下室平面图

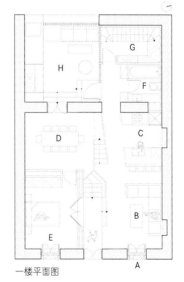

一楼平面图

A. 入口
B. 客厅
C. 厨房
D. 餐厅
E. 卧室
F. 浴室
G. 衣帽间
H. 露台
I. 游戏室
J. 办公室
K. 书柜

将金属门换成玻璃门，并采用开放式设
计，可以让人们在白天享受到自然光。

080

历史建筑的结构体系在确定装修风格时起着重要的作用。当室内安装新的部件时，不要试图去模仿原有的风格，而是形成对比，这样结构体系才会得到进一步加强。

设计师雅罗斯拉夫·卡斯帕和建筑师露西·法图里科娃买下了这套公寓，并将其翻新改造成他们的家。

由于公寓的面积只有 50 m²，所以拆除了几面墙，使空间给人一种更宽阔的感觉。在改造过程中，保留了旧木地板和砖墙，它们给环境增添了复古感。改造的结果是，设计师用丰富的多样性战胜了公寓的狭小尺寸。

Little Big Flat
小型"大"公寓

露西·法图里科娃 Lucie Faturíková
雅罗斯拉夫·卡斯帕 Jaroslav Kašpar

◎ 捷克布拉格市

◎ 伊薇塔·科皮乔娃

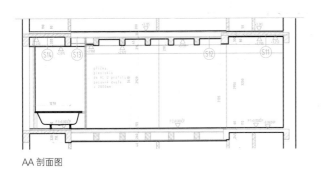

AA 剖面图

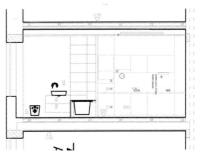

BB 剖面图

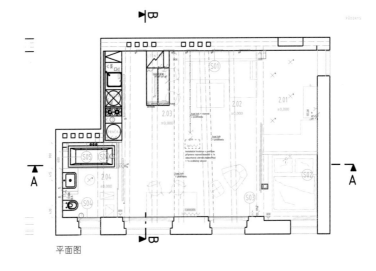

平面图

在砖墙上发现的洞没有填补，而是用作储存葡萄酒的壁龛。

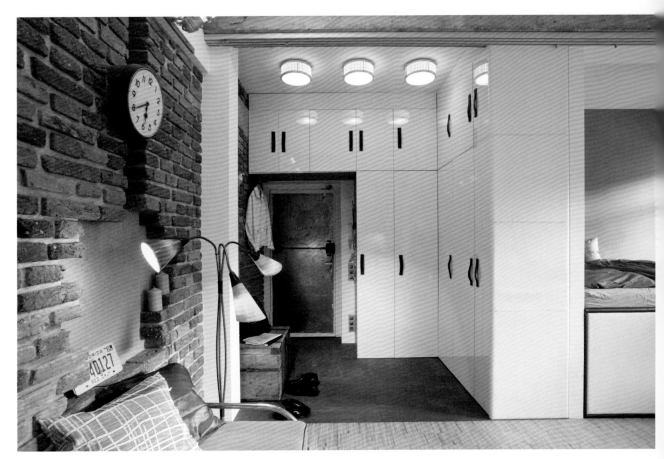

081

优化墙面空间能够增加家庭储
物量。嵌入式储物柜是按空间
高度定制的，这意味着每一寸
面积都得到了很好的利用。

用柱子和衣柜框定睡眠区域，即使没有墙壁，仍然完美地划分出了界限。

唯一的独立区域是浴室。为了优化空间，设计师安装了一扇半透明的推拉门，这样就能通过从窗户散射的光线来增强深度感。

082

如果浴室的天花板高度允许，那么可以在镜子和天花板之间安装集成照明的柜子。它们可以增加储物空间，并在盥洗台上方提供照明。

Loft in Athens
位于雅典市的 Loft

NL 工作室
Studio NL

◎ 希腊雅典市
◎ 阿塔纳西娅·莱瓦迪图

一名年轻的记者将这套 Loft 用于工作和休闲。这套 Loft 位于雅典市北部住宅区的一栋建筑的顶层，可以作为另一个位于三楼更大公寓的补充空间。里面有沙发床、厨房和浴室，所以这里也可以作为一个独立空间来居住。巨大的推拉玻璃门通向明亮的露台。为了营造宽阔感和深度感，设计师在露台内外都安装了相同材料的地板，这些材料具有整合空间的效果。

在 Loft 的顶部增加了几根横梁，以及一
个 LED 照明装置。室内还有电脑、电
视、音响和投影仪等电器。

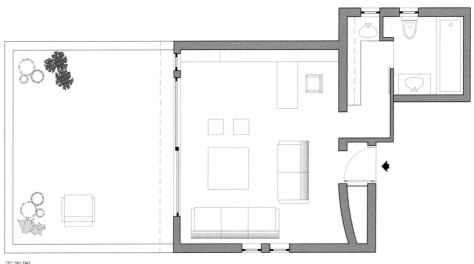

平面图

083

为了在空间有限的情况下获得最大的空间利用率，最好把厨房和浴室等建成紧凑实用的房间，这样就可以腾出空间给其他区域，让这些区域实现多种功能，使人们能够在这些区域逗留更长的时间。

084

垂直百叶窗是这个空间的理想选择，它不仅能让人看到外面的风景，还能通过旋转的板条，精准地调节光线。

这套 Loft 具有典型的哥特式房屋的空间结构——狭长，走廊和空间都很窄小。原有内部装修已被完全拆掉，只保留了中间的楼梯。现在这是一个明亮的开放式空间，并具有多种功能：家具、厨房、厕所、书房和衣柜。

最终的设计成果是：拥有了一个白色半透明的空间和另一个更长的空间，包含了居住所需的组件。

Penthouse in A Coruña
位于阿科鲁尼亚市的顶层公寓

西纳达巴
sinaldaba

◎ 西班牙阿科鲁尼亚市
◎ 亚伯拉罕·维奎拉、胡安·巴连特

原有条件

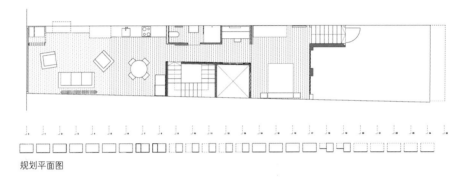

规划平面图

085

打破室内低效又过度分隔的布局，是创造一个利于自然采光、空气循环的新空间的第一步，既能有效利用空间，又增加了宽敞感。

新的布局为住宅提供了空间和视觉上的连续性，所有的房间都是连通的。全屋使用银杉木材，统一的颜色和材料能进一步增强这种效果。

086

水平木材覆层拉长了空间比例，增强了透视效果和视觉深度，而垂直木材覆层则在视觉上增加了空间的高度。

为了增加空间所需的亮度，墙壁、地板和天花板的横梁已全部用金属部件加固，并涂成了白色。

这个项目是装修一套带有巨大窗户和阁楼的毛坯房。这次装修最主要的创新点是把所有需要安装管道基础设施的空间做地板抬高，这样管道就可以隐藏在地板下面。

这个抬高的地板平台被从一侧延伸到另一侧的竹木材料框住，用素净的几何样式划定了楼梯和厨房台面等表面的界限。在主卧室里，竹木材料则作为地板，营造出一种舒适而温暖的感觉。

02 Loft

EHTV 建筑事务所
EHTV Architectes

◎ 比利时布鲁塞尔市
© EHTV 建筑事务所 +
赫尔曼·德斯梅特

AA 剖面图

BB 剖面图

CC 剖面图

DD 剖面图

EE 剖面图

FF 剖面图

GG 剖面图

II 剖面图

HH 剖面图

JJ 剖面图

平面图

设计师选择纯色素净的材料来打造一个极简、无缝的空间。地板用的是灰色的聚氨酯，墙壁涂成白色，天花板则用未上色的水泥。

087

抬高的地板、推拉墙板和低于
天花板的房间结构，能够创建
出一个灵活的空间，居住者可
以根据需要使用，同时保留了
原始结构的开放式特征。

088

浴室是唯一需要独立功能的房间。在类似 Loft 的开放式住宅中，可以创造一个组合结构，规划整体布局。

这套 Loft 是帕多瓦市中心一座古老宫殿一楼的一部分。这个项目的灵感来自经典的意大利城市中心，在狭窄的街道上漫步，会不断发现意想不到的新乐趣。改造这套 Loft 的当务之急是要最大限度地利用室内光线，并保留建筑的独特性，这意味着要清除几代人翻修时散乱且随意添加的装饰。

Loft in Padua
位于帕多瓦市的 Loft

米德建筑事务所
MIDE architetti

📍 意大利帕多瓦市
© 米德建筑事务所

一系列连续的空间被创造出来，共享空
间更靠近入口，而私密空间则更靠后。

089

由于白色占空间的主导地位，在厨房使用黑色就会将这个区域与住宅的其他部分分隔开。这说明只要使用简单的色彩对比就可以分隔空间，根本不需要家具或其他设施。

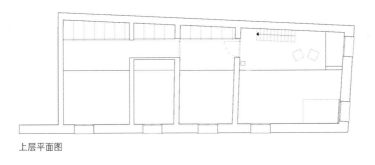

上层平面图

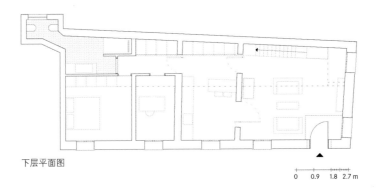

下层平面图

0　0.9　1.8　2.7 m

090

如上方平面图所示，将楼梯、储物空间和浴室沿着一面墙排列，就可以释放出宝贵的空间，创造出一个适合不同活动的环境。

贯穿这些房间的共同设计主线，就是翻
新原有的木制天花板，并使部分砖墙重
现，这种设计有助于将历史和现代作持
续地对比。

这套 Loft 是一个项目改造的其中一部分，该项目旨在将一系列的工业建筑改造成艺术画廊，改造后的建筑由一楼的画廊工作室和楼上三个艺术家的生活 / 工作空间组成。这次改造的主要挑战是如何在保留原有建筑的个性风格的前提下不放弃创新。

Bergamot Station
伯格芒艺术区

布鲁克斯 + 斯卡尔帕
Brooks + Scarpa

◎ 美国加利福尼亚州圣塔莫尼卡市
◎ 马文·兰德、本尼·尚

抛光的水泥地板、简单粉刷的墙壁、裸露的钢桁架和金属包层，营造出一种宁静的氛围，其中突出的组件凸显了复杂的质感和空间。

宽阔的波纹金属平面被 Lexan 树脂、水泥块和玻璃的矩形体打破，创造了精妙的组合。

南立面图

轴测视图

A. 画廊
B. Loft 生活 / 工作空间
C. Loft 客厅
D. 厨房
E. 大厅
F. 平台

建筑剖面图

0 0.3 0.9 1.8 3 4.5 m

一楼被设计成多功能的开放式空间。一个独立的入口通向楼上的三个房间，空间和光线都得到了最大限度的利用，而且保护了居住者的隐私。

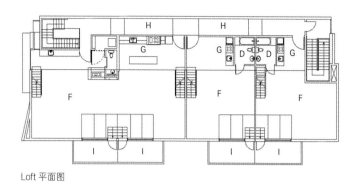

Loft 平面图

二楼平面图

0 0.3 0.9 1.8   3   4.5 m

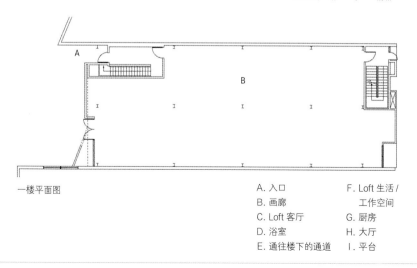

一楼平面图

A. 入口　　　　　　F. Loft 生活 /
B. 画廊　　　　　　　　工作空间
C. Loft 客厅　　　　G. 厨房
D. 浴室　　　　　　H. 大厅
E. 通往楼下的通道　 I. 平台

091

在住宅建筑里使用波纹铁皮能够给人提供一个具有工业美感的空间。虽然这不是常见的室内装饰，但佐以混凝土和玻璃表面，可以让天花板变得有趣。

部分波纹铁皮屋顶已被玻璃取代，这样光线可以照射房间的每个角落。

SanP Loft

保罗·拉雷塞建筑事务所
Paolo Larese architetto

⦿ 意大利帕多瓦市
© 马泰奥·桑迪

　　这间曾经的印刷厂仓库被改造成一套拥护后工业建筑原则的 Loft。改造内容包括拆除一些原有的元素，以创造一个能够进行活动的新空间。结构、屋顶、公共设施系统和空间组织等都需要根据项目的要求来作出新的规划。其成果是改造出了一个两层楼的居住空间，该空间拥有连贯的功能组织，同时也赋予了丰富的空间复杂性。

设计师按照设计图纸在有两层楼高度的一楼建造出一个巨大的开放式空间，在一楼的客厅、餐厅和厨房区域可以俯瞰户外空间。抬高的地板为带壁炉的宽敞客厅提供了空间。其宽敞的比例，尤其还附有一个双层楼高度的天花板，与较为传统的客厅形成鲜明对比。

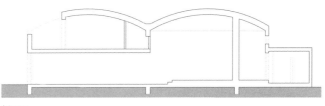

剖面图

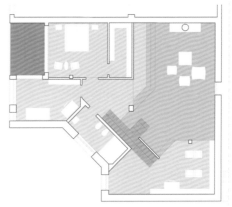

上层平面图

下层平面图

建筑细节和材料的选择相辅相成，赋予了每个单独的元素或表面强烈的特征。

初步设计草图

092

连续的墙面、低矮的家具和天花板的横梁营造出透视效果，突出了空间的水平感。

093

两种不同的光源可以使房间充
满均匀的光线。这最大限度地减
少了明暗对比，也减少了眩光。

这个 80 m^2 的多功能空间位于阿姆斯特丹市中心一座历史悠久的 17 世纪运河住宅里面，目前作为一间家庭旅馆经营，并连通楼上的一间 180 m^2 的阁楼。

这是一个有着高天花板的开放式空间，现代的结构设计与复原的砖墙，以及厚重的木天花板横梁相映成趣，对比鲜明。从屋后可以进入一座花园。

Loft Amsterdam Canal
位于阿姆斯特丹运河的 Loft

杰伦·德·尼杰斯·BNI
Jeroen de Nijs BNI

◎ 荷兰阿姆斯特丹市
◎ 梵贝卡姆制造

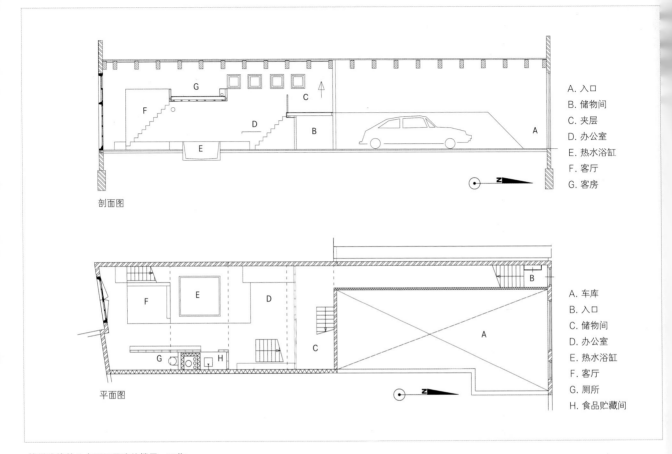

剖面图

A. 入口
B. 储物间
C. 夹层
D. 办公室
E. 热水浴缸
F. 客厅
G. 客房

平面图

A. 车库
B. 入口
C. 储物间
D. 办公室
E. 热水浴缸
F. 客厅
G. 厕所
H. 食品贮藏间

楼梯连接着几个不同用途的楼层：工作区、投影角、按摩浴缸、食品贮藏间、卧室和厕所。这是一个有趣的地方，等待着人们去探索。

094

在开放式空间插入建筑元素，可以产生强烈的视觉冲击。这些元素不仅在空间的布局中起着重要作用，反过来，空间也可以作为放置这些元素的容器。鲜明的对比让人眼前一亮。

室内透视图

095

楼梯可以有多种功能。通过在楼梯下方安装储物架，创造性地利用了楼梯下方三角处的空间。

Loft in Milan
位于米兰市的 Loft

马克·迪拉托雷
Marco Dellatorre

◎ 意大利米兰市
◎ 马克·迪拉托雷

　　马克·迪拉托雷在米兰市的一间旧金属工厂里设计了这套 4.8 m 高的 Loft。他的目的是向公寓原来的工业用途致敬，保留其开放式布局，但又不使用极简风格。

　　这套住宅完美地定义了意大利风格 Loft 的概念：它具有开放性和流动性，同时也很私密、温暖、宜人。房间里没有物理隔离墙，但不同的区域，甚至功能，都是由颜色和材料来界定的。

一楼平面图

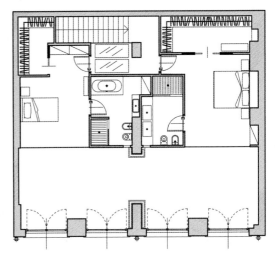

夹层平面图

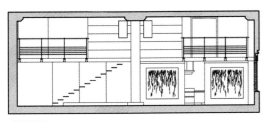

纵剖面图

横剖面图

096

夹层提供了额外的扩展空间，还提供了一个阁楼，在双层楼高度的天花板的衬托下，创造了巨大的体积感。

休息室里展示了各种建筑材料，深色皮革家具和氧化铜墙壁提供了必要的温暖环境。

墙面色彩的灵感来自建在意大利铁路轨
道边的经典"Case Cantoniere"，通过墙
面的处理，设计师在现代环境中还原了
过去的精华。

097

Loft 里多次使用不锈钢、玻璃
和混凝土等饰面，这些饰面
常让我们想起工业建筑的空间
氛围。

卧室里使用的法国橡木地板是回收的旧
横梁铺的。只用了横梁最上面的那层，
以便保留时间流逝的痕迹。

098

想在浴室中增加风格和视觉趣味，就如同在其中创造一个聚焦点一样简单，只要使用瓷砖来铺地板或贴墙壁即可。但需要注意，不能过多使用瓷砖。最终的效果应该能在这个聚焦点和浴室的其他装饰之间取得平衡。

　　曾用作仓库的旧修车厂被一位设计师改造成他自己的生活空间。他从多年来收集的杂志剪报中获得灵感，并充分用上自己喜欢的新旧两种混合装修风格，根据自己的品位和需求，创造了一个空间——其中他最主要的改造需求是，要以一种非正式的方式展示自己的众多收藏品，但又不会让人觉得像进入了博物馆。

Garage Loft
修车厂 Loft

砖块工作室
Bricks Studio

◎ 荷兰阿姆斯特丹市
◎ 瓦伦丁·哈姆森

099

对于不允许使用嵌入式灯具的天花板，最好的解决方案是活动式投射灯。这种投射灯能够提供整体照明和工作照明，所以在需要可移动灯光和可瞄准灯光的空间里，这种投射灯也很有用。

客厅展示了设计师的大部分收藏品,从家具、装裱好的艺术品、书籍、灯具,到悬挂在天花板上的 20 世纪初火车站时钟。

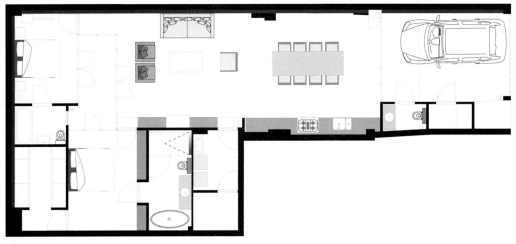

平面图

走进公寓，首先要穿过车库，然后直接
进入厨房和餐厅。这个空间只有一层楼，
形状狭长。边墙没有窗户，主要从一个
小小的室内庭院和客厅上方的一扇大大
的天窗来接收自然光。

100

玻璃和钢窗墙让人想起 19 世纪的温室。它们的魅力和狭长的视野，使其既可以作为室内隔断墙，也可以作为室内和室外的界线。

101

为了创造出具有个性和历史的环境，可以在家中给古物和回收品赋予新生。这个住所既有乡村风格的外观，也是一个有着怀旧时尚风的复古住宅，室内还有极具现代吸引力的元素和工业元素。

像其他空间一样，浴室里也有一些不只是用来展示，还能直接使用的古董，比如爪足浴缸和被改成盥洗台的修车厂长椅。

一个可以追溯到德国皇帝威廉二世统治时期的前军营被改造成大型住宅区，其中就包括这套现在住着一个二胎家庭的公寓。这个已被改造成有 400 m² 的宽阔开放式空间，具有不同的居住空间和引人注目的视角。一进门，一个宽敞的区域沿着纵轴和横轴打开。L 形的灰色半透明窗帘将入口与客厅隔开，因此在有需要的时候，也可以将这两个环境融合在一起。自然、温暖的材料和色彩，与粉红色、立方体和玻璃表面的环境形成对比。

ESN Loft

伊波利托·福来茨集团
Ippolito Fleitz Group

⊙ 德国埃斯林根市
© 佐伊·布劳恩

102

镜面墙可以将房间变成一个有镜中影像的空间，影像能创造出耐人寻味的视觉效果，并模糊了分界线。

镌刻在镜面墙上的树枝图案与周边的森林环境相呼应，将室外的自然元素带入室内。

一楼是围绕着餐厅建造的，以地毯边缘为分界线，地毯上放着一张长桌，上方还挂着一组风格化的吊灯。

103

在设计厨房时，请考虑一下视觉构成。除了实用性与功能性、形式、颜色和材料之外，布局也是吸引人们注意力的地方。

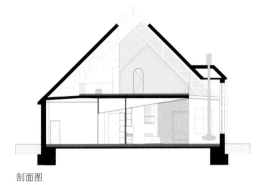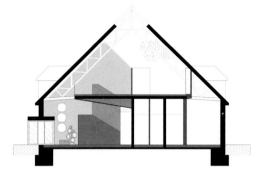

剖面图

下层平面图

上层平面图

楼上是父母的工作区域，这里并不是封闭的角落，而是采用开放式布局。

104

明智地使用颜色能突出空间特点，并创造有趣的视觉效果。浅色向前，深色则靠后。当明暗两种色彩并置时，这种空间效果会非常明显。

圆形的壁镜扩大了空间，并反射了悬挂在天花板上的碎裂球体灯互相映衬的光线。

Loft Biella
位于比耶拉的 Loft

费德里科·德尔罗索建筑事务所
Federico Delrosso Architects

◉ 意大利比耶拉镇
© 马泰奥·皮亚扎

　　这里是一间旧纺织工厂的其中一套侧翼，整栋楼被翻新后，德尔罗索工作室便在此扎根。建筑师居住的这套 Loft 最具特色的地方，是有可移动的隔板墙。在一楼的部分区域被木板分割，成为封闭空间。楼上重复使用了这个创意，沿着栏杆有一系列的中央铰链板，这些铰链板可以连通任何空间，或根据需要把它们封闭起来。

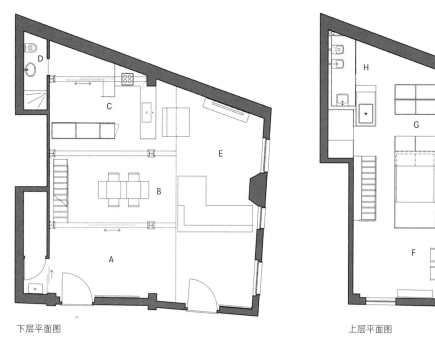

下层平面图

上层平面图

A. 入口　　　E. 客厅

B. 餐厅　　　F. 卧室

C. 厨房　　　G. 更衣区

D. 浴室　　　H. 浴室

105

独立模块在已有的外壳中创造
了空间。把厨房家具固定在墙
上的传统设计方法，不再是唯
一可用的选择。

简约风格的楼梯拥有折纸般的外观，轻轻地向上延伸。楼梯的折叠结构与夹层的波纹金属板相呼应。

106

按照老式顶棚的样式，建筑师布置了一个轻巧的金属结构包围着床，并罩上薄纱帘，这样就能在需要的时候创造一个私密空间。

Loft in Saint Petersburg

位于圣彼得堡的 Loft

鲍里斯·洛夫斯基、安娜·洛夫斯卡娅、
费奥多尔·戈尔加德 /DA 建筑事务所
Boris Lvovsky, Anna Lvovskaya,
Fedor Goreglyad/DA Architects

◎ 俄罗斯圣彼得堡市
© 波利沃科娃·安娜

　　这个项目的主要理念是创造一个综合性的空间，而不是窄小孤立、光线不足的单元房。设计师将占地 280 m² 的几个子空间用裂纹马赛克、桦木贴面、水泥和金属进行装饰，并形成整体的一部分。这个设计的独特之处在于，子空间的墙壁高度没有到达天花板，这说明子空间彼此之间是隔开的，但又不影响它们在大空间中的整体作用。

A. 入口
B. 卫生间
C. 客厅
D. 餐厅
E. 更衣室
F. 卧室
G. 杂物房
H. 浴室
I. 大厅
J. 洗衣房
K. 儿童房
L. 储物间

平面图

107

为了分隔活动而划分空间，会给人一种封闭的感觉。为了尽量将这种感觉最小化，可以把隔断墙设计得低于天花板，以突出空间连续性效果。

108

设计师使用寥寥几种颜色作为主色调，确定了房间的总体氛围。还可以添加少许颜色来吸引注意力，并增强空间的美感。

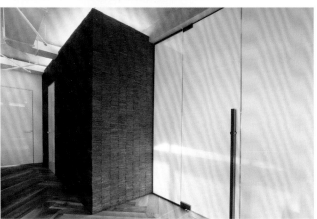

一些子空间用智能玻璃相连，玻璃能从透明变为半透明，这样就允许在需要的时候分隔出私人区域。

109

纹理像色彩一样，可以用来创
造视觉趣味。它可以丰富在空
间中占主导地位的配色方案，
以便保持这个空间的统一性，
或者可以与重点色相结合，获
得更好的效果。

110

木材打破了水泥的冰冷，给空间带来了温暖，同时也创造了有趣的色彩对比。

Vegas Loft
位于拉斯维加斯的 Loft

弗拉基米尔·拉杜特尼建筑事务所
Vladimir Radutny Architects

📍 美国内华达州拉斯维加斯市
© 弗拉基米尔·拉杜特尼建筑事务所

主人买下这个 Loft 的目的是展示他收藏的大量绘画作品。他想修改外墙，把 Loft 变成一个连续性的平台，用来展示自己的藏品。通过在新墙内增加小空间，使每扇窗户前方都开辟出了一些区域。为了恢复部分损坏的墙面，生活区域已经被战略性地安排好。此外，一个木制平台沿着整面西北外墙内侧被打造出来，在开放的空间内创建了一个新的区域。

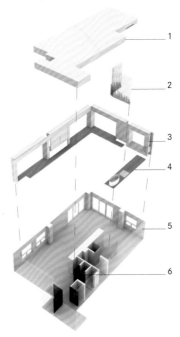

1. 改造后的天花板
2. 新的卧室屏风
3. 新的边缘区域
4. 新的抬高平台
5. 已有的外墙
6. 重新配置的服务区

轴测视图

已有的立面图

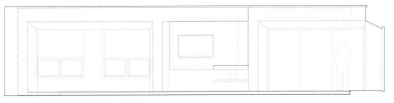

计划的立面图

平面图

A. 入口	G. 卧室
B. 器械房	H. 厨房
C. 洗衣房	I. 起居室
D. 宾客洗手间	J. 餐厅
E. 步入式衣帽间	K. 会客厅
F. 浴室	

111

该 Loft 的原始布局是支离破碎的。拆除这些隔断墙后，打造了一个开放式空间，这个空间将其内部的不同区域连接起来，同时也将室内的视野打开了。

沿着 Loft 的外墙内侧有一个抬高平台，它在开放式布局中定义了一个新的区域，该区域可以用来展示艺术品。

112

可以考虑用要展示的画作中的色调来粉刷空间，以营造出一个相对和谐的画面。然而，白色是最安全的选择，既能为画作提供中性的背景，也能让人们把注意力集中在作品本身上。

入口玄关进行了重新配置，并安装了黑
色金属板；金属板移动后可以形成一个
公共洗手区域或用作第二卫生间。

113

加厚已有的墙壁以适应家庭功
能，是一种很好的节省空间的
解决方案。这样做，可以最大
限度地减少限制空间的独立
元素。

为了给人更宽敞的感觉，部分假天花板
被拆除，露出了通风管道，并引用了现
代化工业美学来设计。

原本有一面墙隔开了卧室与浴室。把它拆除后，浴室不仅与卧室相连，而且还能获得充足的自然采光。

An Oasis in the City
城市中的绿洲

德雷梅塔
Dreimeta

◎ 德国奥格斯堡市
© 史蒂夫 · 赫鲁德

　　这里是城市丛林中真正的宝藏：一座位于奥格斯堡市中心建于 1969 年的现代风格平房，被美丽的树木环绕。设计的目的是在不影响房屋原有风格的情况下，纳入当代设计元素、现代技术和来自世界各地的收藏品。

　　该住宅原来有两层。改造时，增加了 55 m² 的第三层，这一层由木材制成，作为客房使用。

114

楼梯可以成为一种建筑特色，以其雕塑般的特质吸引人们的目光。也可以通过精心挑选的艺术品来加强楼梯的特点，彰显其风格、颜色和材料，以营造出统一的氛围。

厨房是由房主自己设计的，特点是里面有一扇能展示室外青翠景象的大玻璃窗，为这个以中性为主的配色设计增添了重要的色彩点缀。

115

悬挂式壁炉可以增加空间的视觉趣味性。这些壁炉一般是球形或椭圆形，由于设计十分光滑，它们通常是对现代室内装修的补充，但同时也能与古典风格或乡村风格相协调。

116

回收的木材为家具的创造性设计提供了有趣的机会。风化的表面使得用这种材料制成的家具很迷人，能让人感受到它的独特性和历史感带来的吸引力。

在客房的屋顶上开了一扇天窗，这扇天窗能提供亮度，有助于节约能源。

117

落地窗最大限度地减少了空间界限，增强了相邻室内空间的宽敞感和连续性，同时也突出了室内外之间的联系。

Amsterdam South Loft
位于阿姆斯特丹南部的 Loft

杰伦·德·尼杰斯·BNI
Jeroen de Nijs BNI

⊙ 荷兰阿姆斯特丹市
© 杰伦·德·尼杰斯

这套 200 m² 的 Loft 位于一栋旧办公楼顶层，被改造成了住宅单元房。它有一个令人惊艳的露台。

在住宅的柱状结构中心，我们能看到一个令人印象深刻的胡桃木模块，里面配有通往住宅和露台的楼梯，以及一间锅炉房。住宅由两个主要区域组成：两间卧室（每间都包含卫浴）和一间与厨房相连的开放式客厅。选择用奢华的木材来装修，正好与水泥和砖块等材料为主的原始空间形成了对比。

118

开放式客厅拥有宽敞的空间，但在布置家具方面却是独一无二的挑战。设计师根据活动类型对家具进行分组，创造出舒适的区域，这种区域在 Loft 中很难得。

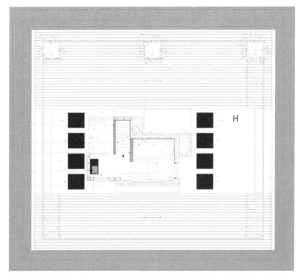

屋顶露台平面图

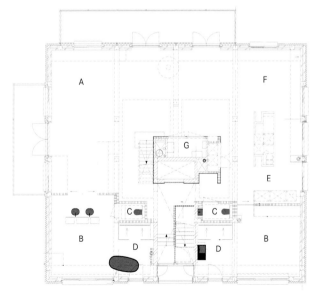

平面图

A. 客厅
B. 卧室
C. 厕所
D. 浴室
E. 厨房
F. 餐厅
G. 器械房
H. 屋顶露台

由于天花板高度较低，供暖系统必须位于水泥地板的下方。而借助此空间的悬挂式壁炉，可以将热量均匀地分布到整个房间。

室内透视图

119

内置式家具是节省空间的好帮
手。一张深色长凳可以用作日
间床，能把一个小空间变成方
便的客房。这张长凳底部还
有储物柜，增加了家庭的储
物量。

120

在卧室里配备一间私人浴室，显然是一个很有用的设计。套内卫浴已经成为备受追捧的房屋资产，可能会增加房产的销售价值。

这套光线充足的 Loft 有一个宽敞的屋顶露台。通往露台的通道是一间小房间，也是一个理想的阅读角落。房间的小尺寸被周围露台的大面积所弥补。

透视图

露台上有起居区、酒吧、烧烤架和淋浴。
丰富的植被和以人造草为特色的平台地
板，使得露台成为城市喧嚣中的绿洲。

这间前纺织厂的改造目的是保留其半透明的性质，同时提供某种程度的亲密性。因此，在一楼开发出一个完全开放的区域，这个区域只由不同的材料来划分，相互之间是连通的；一楼还有一个夜间区域，由两间房和一间浴室组成。楼上与楼下的空间有直接的视觉联系，楼上有一间办公室、一间浴室和一间可以改为客房的休息室。

Grober Factory Loft
格罗伯工厂 Loft

梅塔工作室
META Studio

◎ 西班牙巴塞罗那市

◎ 路易斯·卡博内尔、埃托尔·艾斯特维斯

有一部滑动楼梯架在书柜的上方，它能
沿着书柜上方的轨道滑行，人们可以经
此梯登上二楼。通过这种方式，桁架的
高度得以保留，并且没有必要建造两部
楼梯。

121

使用醒目的重复细节来创建贯穿空间相邻区域的线。这些细节可以在尺寸上甚至在颜色上有所不同，但设计应该始终如一，保持一致性和连贯性。

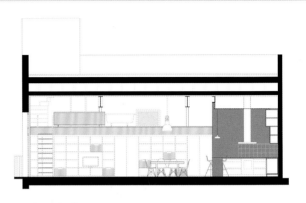

纵剖面图

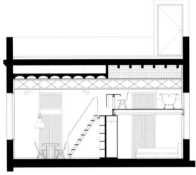
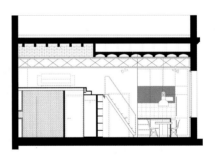

横剖面图

122

墙面书柜可以使长墙在视觉上变得有趣，还增加了宝贵的储物空间。同时，避免了使用独立书柜，因为独立书柜可能会干扰空间的开放特性。

123

在不改变空间感觉的情况下，开放式夹层可以增加建筑面积。如图所示，楼下被划分为两个矩形区域，而夹层则凸显了阁楼的正方形比例。

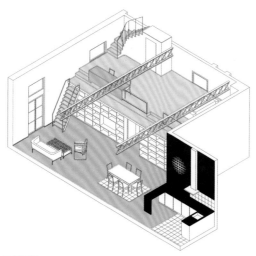

轴测视图

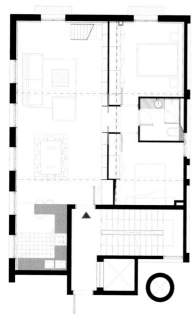

下层平面图

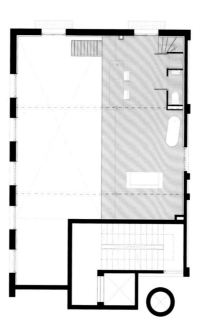

上层平面图

124

床头板的装饰方案很巧妙，可以将电气装置与床头整合在一起，有助于节省空间。

125

在实墙建成的浴室里，用玻璃板隔开盥洗台和淋浴间，可以营造出一种开放、通风的氛围。以上图为例，如果用的是实墙而不是玻璃板，就会在盥洗台上投下一片阴影。

这是一名专业摄影师的家庭 / 工作空间，其前身是曼哈顿东区的一座工业建筑。由于这里不仅要作为他的主要住所，还要举办摄影会议、演讲和其他活动，因此设计需要巨大的空间灵活性。为了最大限度地利用开放式布局，储物元素被用来定义不同的环境。

为了向工业历史致敬，19 世纪天花板上的原始锡板被保留下来。

Unfolding Apartment
展开的公寓

迈克尔·陈建筑事务所
Michael K Chen Architecture/ MKCA

⊚ 美国纽约州纽约市
© 艾伦·坦西

126

书架等独立的内置式家具可以帮助分隔一个巨大的开放式空间，同时保持视线连接不同的区域。推拉墙板可以用来完全分隔这些区域，以满足住户的隐私需求。

127

独立的内置式家具可以同时为不同的区域提供不同的功能。这种家具的多功能特性使它们成为有效节约空间的解决方案。

一间210m² 的木匠工房被改造成一套车库公寓。在保留其原有特色的同时，对新空间进行调整，以适应新住户的要求：需要有放置电动跑车的空间和充足的自然采光。公寓的前后两侧门窗是唯一的主要光源，因此能提供的自然采光不足。为了弥补照明不足，设计师设计了一个室内庭院，让公寓的中央也能通风透光。

Carpenter's Workshop
木匠的工作室

OxL 工作室
Studio OxL

◎ 荷兰阿纳姆市哈塞尔路
© 艾琳·范古因

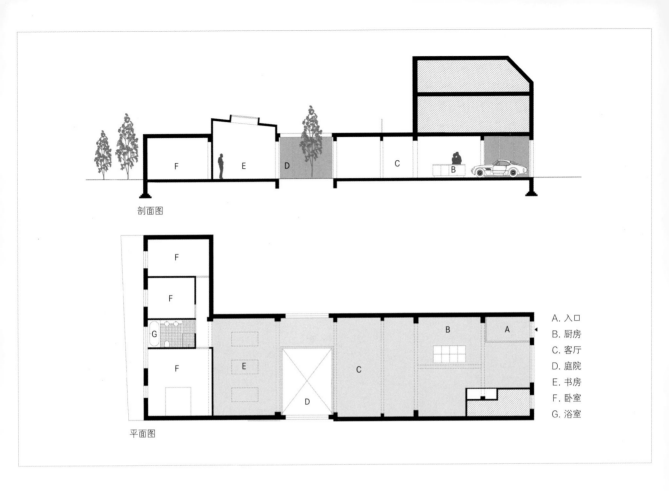

剖面图

平面图

A. 入口
B. 厨房
C. 客厅
D. 庭院
E. 书房
F. 卧室
G. 浴室

128

带有玻璃墙的室内庭院为周围的空间带来了光线和通风。庭院将一个空间分割成不同的区域，但仍保持了视觉上的连续性。

庭院将公寓分为两部分：前面是客厅，后面是工作室和私人房间。通过新的布局，这两个区域都得到了充足的光线。

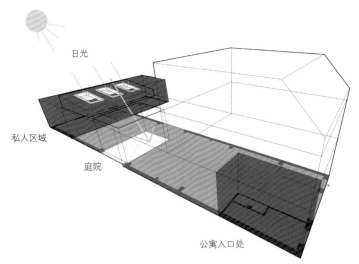

日光

私人区域

庭院

公寓入口处

容积图

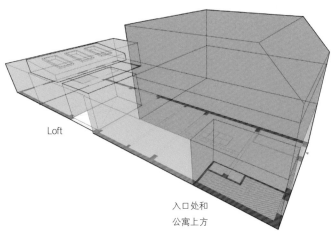

Loft

入口处和
公寓上方

规划图

129

室内玻璃围墙允许视觉的连续性，以响应建筑和室内设计向着开放式环境发展的现代化趋势。

Private Loft
私人 Loft

德雷梅塔
Dreimeta

◎ 德国柏林市
◎ 诺舍

　　这套 Loft 位于一座前身是啤酒厂的地标性建筑中，这座建筑的特点是在屋顶可以看到柏林市的全景。拥有这套 Loft 的夫妇在城市的喧嚣中打造了一处私密的个人隐居地，并在里面装满了来自世界各地的艺术珍品。他们选择了中性的室内装饰，令人放松的大地色系与砖块内层相结合，突出了艺术收藏品。住宅有三层楼，包括屋顶和露台，还有一个宾客区。

这间房由木材、纺织品和色彩等平衡元素构成。家具的线条简洁，其选用的色调与其他材料一起营造出了宁静温馨的氛围。

130

白色不仅可以反射光线，帮助照亮空间，而且通过微妙的光影变化，还可以增强空间的建筑特色。

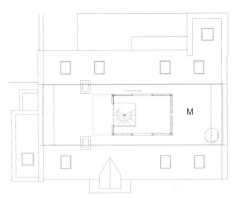

屋顶露台平面图

上层平面图

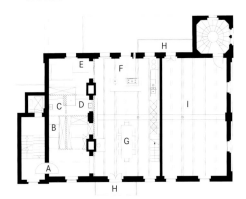

A. 入口　　　　H. 阳台

B. 储物间　　　I. 客房

C. 厕所　　　　J. 客厅

D. 浴室　　　　K. 主卧

E. 卧室　　　　L. 更衣室

F. 厨房　　　　M. 屋顶露台

G. 餐厅

下层平面图

螺旋楼梯是强调包含楼梯在内的空间形状的一个好方法，还能成为最大的亮点。此外，螺旋楼梯的占地面积紧凑，所以极大地提升了空间的安全性。

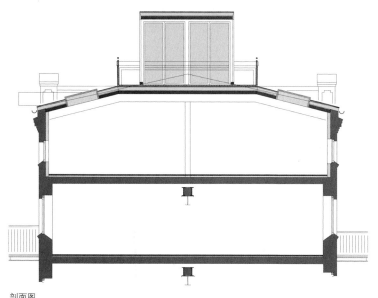

剖面图

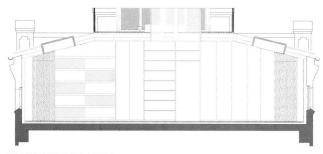

通过螺旋楼梯的楼上剖面图

楼上的照明细节平面图

餐桌两边摆放着长凳，比起椅子来，长
凳除了可以让更多的用餐者就座之外，
还能产生与传统餐厅不一样的美感。

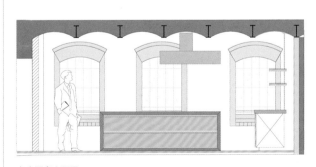

室内厨房立面图

厨房和餐厅选择了浇铸沥青的地板,随着时间的推移,这种地板将逐渐变成独特的古铜色。

为了突出建筑的历史性，设计师决定使
用与建筑美学相融的材料。这里几乎所
有地板都是由实心橡木制成的。

这套 Loft 位于曼哈顿联合广场的附近，是一对夫妇及其三个孩子的家。里面有大量的柜子，除了发挥储物功能外，还构造了空间，帮助划分不同的区域。四周的墙壁放置着大部分储物柜，为成人和儿童的生活区域和玩耍区域留出更大的空间。该住宅有三间卧室和三间浴室，有一个阁楼，透过玻璃金字塔形状的屋顶能看到纽约的天空，还有一间办公室和一间通向露台的多媒体室。

14th Street Loft
第 14 街 Loft

解决：4 建筑设计
Resolution: 4 Architecture

⊙ 美国纽约州纽约市
© RES4

这套位于顶层的 Loft 有几扇玻璃天窗，
可以使房间更加明亮，同时又不占用上
方的露台空间。

132

天窗按照布局规划设计，与窗户相辅相成，为空间提供了充足的自然采光。来自不同光源的光线都很均匀，能最大限度地减少视觉刺激。

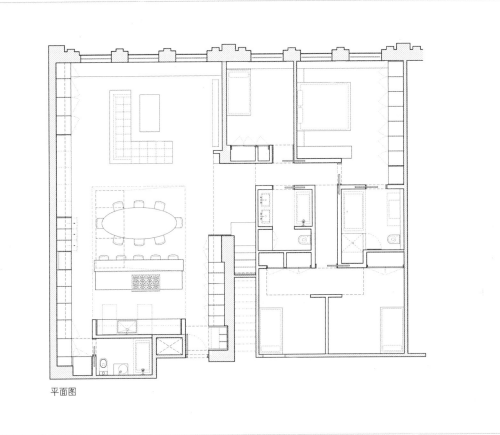

平面图

一面厚厚的橱柜墙就像一层隔膜，清晰地将公共空间和私人空间分开。这种设计有利于实现高效的布局，将类似的功能集中在同一区域。

133

新家已经适应了当代生活方式。在这里，厨房既是娱乐场所，也是生活空间。这种不同以往的变化让开放式空间得以产生，使做饭的人能够与其他人互动。

这套 Loft 只有一侧有窗户，所以设计
了各种天窗，这样就能利用建筑顶层的
优势。

在儿童房里，睡眠、学习和玩耍的区域都划分得非常明确。家具是根据孩子们的体型来设计的，使他们无须成人的帮助就能轻松地拿取自己想要的物品。

Family Loft
家庭 Loft

ZED 零能量设计
ZED ZeroEnergy DESIGN

⊙ 美国马萨诸塞州波士顿市
© 埃里克·罗斯

一对打算备孕的年轻夫妇买下了这套建于 20 世纪 90 年代的公寓,并聘请了 ZED 团队来改造这个空间,使其在城市环境中焕然一新,但同时又具有很实用的外观。

这个居住空间的设计目标是为新的开放式空间增加质感、面积和实用性。入口玄关被改造成一个大厅,有充足的储物空间和一个工作区,工作区也可以作为额外的卧室使用。设计师还安装了室内窗户,为原有昏暗的婴儿房和客房等空间增加了采光。

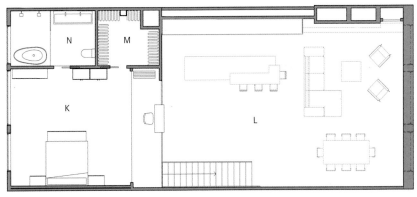

上层平面图

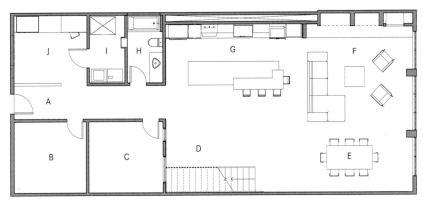

下层平面图

0 2 4 6 8 10 [ft]

A. 入口　　　　　　H. 浴室
B. 客房　　　　　　I. 洗衣房
C. 婴儿房　　　　　J. 办公室 / 杂物间
D. 游戏空间　　　　K. 主卧
E. 餐厅　　　　　　L. 通往楼下的通道
F. 客厅　　　　　　M. 步入式衣帽间
G. 厨房　　　　　　N. 主卫

深色的木地板被拆除，露出的水泥被抛光，不仅更加持久耐用、易于维护，而且还增加了室内亮度。许多物品都使用了胡桃木材，给室内带来了温暖和质感。

134

与夹层玻璃护栏相比，钢制护栏是坚固而轻便的选择，可以提供无障碍视野。同时安装在楼梯和夹层周围，保障住户的安全。

135

一块玻璃板代替了墙壁，将淋浴间和盥洗台隔开。浴室的开放式设计和壁挂式盥洗台给人一种开放的感觉，并突出了地面的连续性。

Bond Street Loft
邦德街 Loft

世界之轴
Axis Mundi

📍 美国纽约州纽约市
© 德斯顿·塞勒

　　这套位于地标性建筑中的新改造公寓，拥有奢华、极简主义的空间背景，衬托着居住者收藏的年轻新兴艺术家的作品。改造的目标之一是，要按照人性化的标准来划分这套 316 m² 的住宅区域，将开放式空间分割成具有特定功能的不同区域，并提供生活所需用品。根据客户的要求，必须为空间提供各种座位，以便进行娱乐活动。随着空间布局的确定，饰面和色调都刻意低调设计，使艺术收藏品成为焦点。

136

低矮的家具有助于创造一个明
亮通风的空间，还能突出房间
的比例。

137

暖灰色、灰褐色和米色是相对
安全的颜色选择。这些色调柔
和舒缓，赏心悦目，人们几乎
不会对它们感到厌倦。在这种
背景下，选择少许流行颜色可
以产生戏剧性的效果。

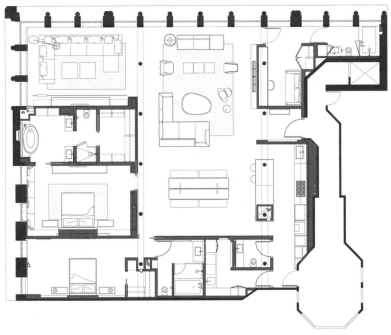

平面图

设计突出了混凝土特色墙，并凸显了带有热轧钢细节的柔和灰色宽条地板，原有的铸铁柱子非常显眼，所有这些元素都为这个空间增添了原始感。

138

空间装饰采用折中主义风格，
这样能给家庭带来轻松的氛
围。同时，使用颜色来划分
区域，以便更好地组成空间
结构。

原有的柱子主导公寓的布局，但也完全
融入了厨房中岛等设计中。

ONCE IN A LIFETIME

除非空间是围绕特定的艺术作品来设计的，否则艺术品可能会成为影响空间装修设计的关键因素之一。无论如何，艺术品都需要与所处空间相融合。

Paschke Danskin Loft

帕斯克·丹辛 Loft

3SIXØ 建筑事务所
3SIXØ Architecture

⊙ 美国罗得岛州普罗维登斯市
© 约翰·霍纳摄影社

　　这个项目是将一套已有的 Loft 改造成一个生活 / 工作空间，为两位居住者提供两个不同的区域。一位是专门从事陶瓷和反光装置的艺术家；另一位是她的计算机工程师的丈夫。该设计包括改造一系列的公共空间，如玄关、杂物间和阳光房。其中的梯形形状被分为两个建筑主题：云朵和堆栈。

　　对立的主题为夫妇的两种生活方式提供了共同语言——既是独立的，但又相互交织。

云朵和堆栈都有游龙般的效果，围绕着角度和柱子进行调整改造，以实现统一的空间。不同的主题通过对比并用相对和谐的材料表达出来，这些材料不同但兼容个性的存在。

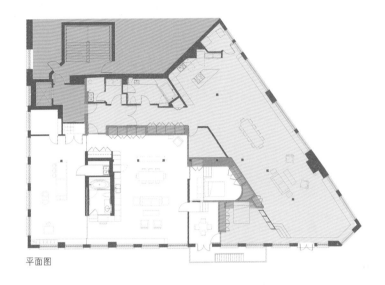

平面图

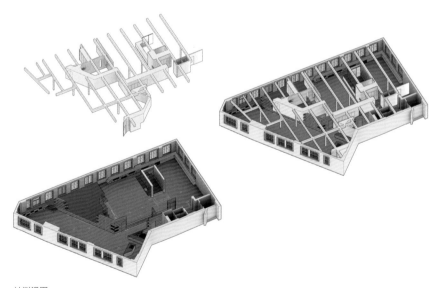

轴测视图

140

空间的不规则性和柱子所处的
尴尬位置给设计带来了相当大
的挑战，但同时也带来了新的
机会。

云朵通过白色和半透明的材料来呈现，而堆栈则通过木材和带钢制细节的中密度纤维板台柜来呈现。云朵和堆栈在空间中混杂在一起，却始终保持着千丝万缕的联系。

141

蚀刻玻璃或聚碳酸酯制成的半
透明隔断墙可以让光线进入室
内，同时提供隐私空间。这些
隔断墙也给人一种通风的感
觉，让人想起传统的日式障子
屏风。

为了与云朵主题保持一致，空间里的动线流畅自然。墙壁上有一排连续的矮柜，与石砌墙体形成对比，使流动效果更为突出。

柜台作为整体设计的统一元素，被设计
为堆叠起来的棱角块，是由封闭式柜子
与开放式架子组成的。

142

不同的功能可以通过改变楼层高度来区分，不必建造隔断墙，同时保持 Loft 明亮和开放性的特点。

143

适当使用照明可以增强现代浴室的特点，营造出鲜明、清新、宁静的氛围。

Garden Loft

花园 Loft

埃格和塞塔
Egue y Seta

◎ 西班牙塔拉萨市
◎ 维库戈摄影

　　这套前身为商业空间的改建住宅可以让居住者感受到大自然的气息。通过一扇实心的绿柄桑木清漆门，会看到一座花园，花园里的松树皮床上有不同高度、不同品种的当地灌木，全部沐浴在假天窗的光线中，而房子的前厅则环绕着花园。左边是公共区域：一间从建筑地基中挖凿的休息室，以及楼上的餐厅和厨房。一条混凝土走道从公共区域通向房子里比较私密的房间，然后是书房和客厅，最后到达客卧及室内独立卫浴。

一个U形的休息区下沉到房子的混凝土地基之中，营造出舒适而又现代化的氛围，让人想起20世纪50年代到70年代住宅设计中非常流行的"谈心隅（conversation pit）"。

大面积的不锈钢柜面，与经过处理的木质台面和工匠砖墙形成鲜明对比，为空间提供了一种工业化的外观，既现代又精致，既温暖又温馨。

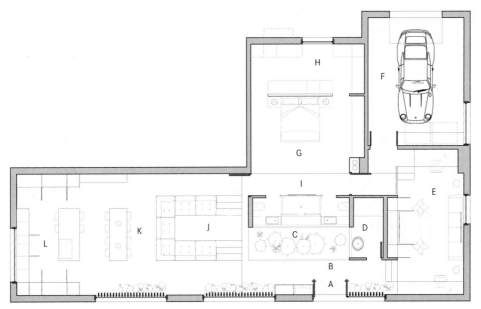

H

F

G

I

A. 入口
B. 门厅
C. 室内花园
D. 浴室
E. 办公室 / 客房
F. 车库
G. 主卧
H. 步入式衣帽间
I. 主卫
J. 客厅
K. 餐厅
L. 厨房

K

J

L

C

D

E

B

A

平面图

144

这款由天然橡木和铁丝网制成的定制床头板，因其多功能特点而让人眼前一亮：它可以作为房间的隔断墙，将卧室和更衣区分开，它的背面则用来存放鞋子。

淋浴房是主卧的核心。一张成型的混凝土长方形工作台结合配件，延伸到玻璃围栏之外，构成淋浴房两边的盥洗台。

在一扇推拉门后面是涂有一层釉面工匠
黏土的客卧套内卫浴。一面玻璃墙让我
们能在洗手时欣赏到花园的景色。

145

房子里的这间特殊的房间同样需要特殊的家具和配件。正如客厅里的枝形吊灯可以吸引人的目光一样，时尚的独立洗脸盆也可以成为浴室最耀眼的明珠。

Twin Loft
双子 Loft

CHA : COL

◎ 美国加利福尼亚州洛杉矶市
◎ 爱德华·杜瓦迪

这个项目一开始只是简单的 Loft 改造，但当客户购买了相邻的第二个空间后，就把两个空间合并扩建成了一套双子 Loft。不仅面积增加了一倍，而且设计的范围也需要修改。现在的设计目标是将这两个区域分开，一个作为居住空间，而另一个则用于接待客人 / 娱乐。但两个空间必须大同小异，使其看起来是一个整体。

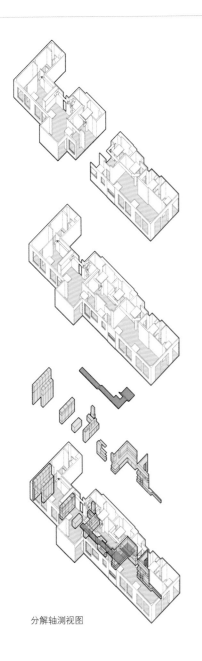

分解轴测视图

平面图

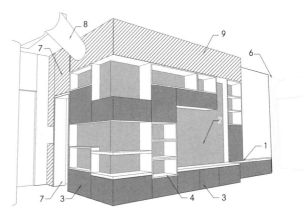

集成式储物墙的透视图

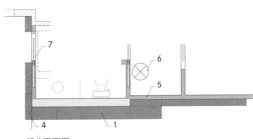

部分平面图

1. 长凳上的 5cm 厚的大理石台面
2. 大理石 / 石砖贴面
3. 漆面橱柜
4. 开放式货架
5. 外墙
6. 已有的柱子
7. 带石头门框的被门槛环绕的新折叠门
8. 已有的暖通管道
9. 新的干式墙，与漆面橱柜装饰件匹配

炉墙立面图

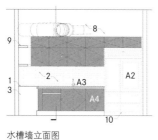

水槽墙立面图

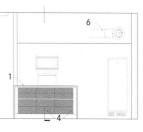

中岛立面图

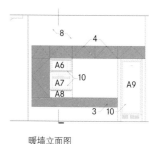

暖墙立面图

整体剖面图

厨房部分平面图

■ 表示橱柜
▨ 表示已有墙体

1. 5cm 厚的石头台面
2. 石材 / 瓷砖防溅墙
3. 台下橱柜
4. 高架橱柜
5. 外墙
6. 已有的暖通管道
7. 新厨房岛台
8. 毛坯干墙与橱柜齐平
9. 高架货架
10. 新电器

A1. 91cm 宽的零下牌（Subzero）狼系列燃气灶
A2. 91cm 宽的卡瓦列雷牌（Cavaliere）欧式无管抽油烟机
A3. 81cm 宽的带水龙头的水槽
A4. 61cm 宽的集成洗碗机
A5. 122cm 宽的零下牌"专业 48 寸"冰箱
A6. 61cm 宽的零下牌微波炉，带 15cm 内饰板
A7. 61cm 宽的零下牌壁炉，带 15cm 装饰板
A8. 76cm 宽的零下牌暖炉
A9. 71cm 宽的葡萄酒冷却器

146

露出的水管和暖通空调系统是一种设计方案，可以增强公寓的工业特征和原始特征。这样做能保持空间完整性。

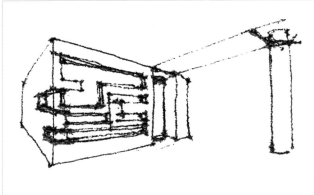

初步设计草图

147

一个空间的新元素和已有元素之间要明确分开，这样才能满足功能性要求，同时又增强了空间的原始特征。

78B Loft

毛里齐奥·科斯坦茨
Maurizio Costanzi

⊙ 意大利罗马市
© 毛里齐奥·科斯坦茨

　　这个空间在改造之前，既没有很好的规划，也不舒适。但在增加了四扇大窗户和天花板高度之后，就被成功地改造成一个明亮、宽敞、温馨的家。

　　在新的开放式布局中，一楼的各个房间，包括客厅、厨房和餐厅，融合成一个无缝的整体。一部铁楼梯通向建筑的上层，并通往卧室和书房，两个房间用玻璃隔断墙隔开。

透过半透明的玻璃墙，晨光从浴室窗户
照进客厅。

148

厨房岛台可以同时作为操作区和周围空间的核心。在这种情况下，岛台占据了中心位置，并将客厅和餐厅分开。

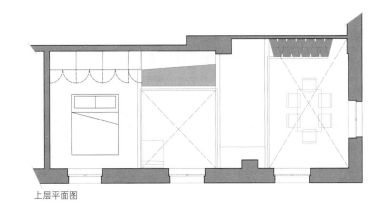

上层平面图

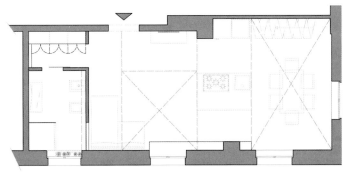

下层平面图

149

抛光混凝土是一种连续地板材料。这种材料有非常多的孔，所以一般用环氧树脂密封。在较大的表面上需要伸缩缝，但应用在小区域时，它就可以形成一个连续的表面。

150

薄钢梁 / 拼花地板组件支撑着
夹层，使空间的垂直尺寸最
大化。

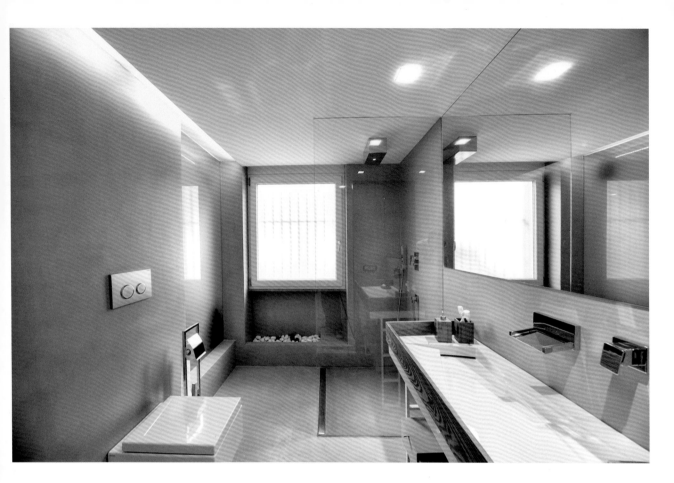

DIRECTORY 地址簿

ASZ 建筑事务所
意大利佛罗伦萨市和米兰市
阿联酋迪拜市
中国上海市
www.aszarchitetti.com

埃格和塞塔
西班牙巴塞罗那市、马德里市、阿科鲁尼亚市
日本东京市
www.egueyseta.com

奥拉
捷克摩拉维亚州
www.o-r-a.cz

奥拉基亚加建筑事务所
西班牙马德里市
www.olalquiagaarquitectos.com

奥利维尔·沙博建筑事务所
法国克拉马尔市
www.olivierchabaud.com

B² 建筑事务所
捷克布拉格市
www.b2architecture.eu

保罗·拉雷塞建筑事务所
意大利帕多瓦市
www.paololarese.houzz.com

布鲁克斯 + 斯卡尔帕
美国加利福尼亚州洛杉矶市
www.brooksscarpa.com

布鲁兹库斯·巴捷克
德国柏林市
www.bruzkusbatek.com

CHA : COL
美国加利福尼亚州洛杉矶市
www.chacol.net

超级立场建筑事务所
波兰格利维策市
www.superpozycja.com

DA 建筑事务所
俄罗斯圣彼得堡市
www.da-arch.ru

德雷梅塔
德国奥格斯堡市
www.dreimeta.com

德士提拉特建筑 + 设计
奥地利维也纳市
destilat.at

迭戈·吕沃洛
巴西圣保罗市
www.diegorevollo.com.br

队形建筑
美国纽约州纽约市
www.aifny.com

EHTV 建筑事务所
比利时布鲁塞尔市
www.ehtv-architectes.be

费德里科·德尔罗索建筑事务所
意大利米兰市
www.federicodelrosso.com

弗拉基米尔·拉杜特尼建筑事务所
美国伊利诺伊州芝加哥市
www.radutny.com

GRADE
美国纽约州纽约市
www.gradenewyork.com

架构建筑工程事务所
希腊雅典市
www.schema-architecture.com

解决：4 建筑设计
美国纽约州纽约市
www.re4a.com

杰伦·德·尼杰斯·BNI
荷兰阿姆斯特丹市
www.jeroendenijs.com

布罗·科雷·杜曼事务所
美国纽约州纽约市
www.burokorayduman.com

罗伯特·穆尔贾
意大利米兰市
www.robertomurgia.it

马克·迪拉托雷
意大利米兰市
www.vemworks.com

迈克尔·菲茨休建筑事务所
美国密歇根州特拉弗斯城
www.mfarchitect.com

毛里齐奥·科斯坦茨
意大利罗马市
www.mauriziocostanzi.wix.com/architetto

梅塔工作室
西班牙巴塞罗那市
法国巴黎市
www.meta-studio.eu

米德建筑事务所
意大利威尼斯市
www.midearchitetti.it

MKA 马克·克勒建筑事务所
荷兰阿姆斯特丹市
www.marckoehler.nl

迈克尔·陈建筑事务所
美国纽约州纽约市
www.mkca.com

Multiarchi
法国巴黎市
www.multiarchi.com

NL 工作室
希腊雅典市
www.studionl.com

OxL 工作室
荷兰鹿特丹市
www.studio-oxl.com

区域建筑设计事务所
西班牙巴伦西亚市
www.areaarquitectura.com

让·韦维尔
加拿大蒙特利尔市
www.jeanverville.com

3SIXØ 建筑事务所
美国罗得岛州普罗维登斯市
www.3sixo.com

世界之轴
美国纽约州纽约市
www.axismundi.com

特里萨·萨佩书房
西班牙马德里市
www.teresasapey.com

TG 工作室
英国伦敦市
www.tg-studio.co.uk

The Goort
乌克兰哈尔科夫市
www.behance.net/thegoort

EHTV 建筑事务所
比利时布鲁塞尔市
www.ehtv-architectes.be

西纳达巴
西班牙阿科鲁尼亚市
www.sinaldaba.es

行星工作室
法国昂迪兹市·拉维鲁纳村
www.planet-studio.fr

雅罗斯拉夫·卡斯帕
捷克布拉格市
www.duoton.cz

伊波利托·福来茨集团
德国斯图加特市
www.lfgroup.org

扎博项目组
美国纽约市布鲁克林区
www.sabo-project.com

ZED 零能量设计
美国马萨诸塞州波士顿市
www.zeroenergy.com

詹卢卡·森特拉尼
意大利罗马市、泰拉莫市、卡斯泰拉佐博尔米达市
www.gianlucacenturani.it

砖块工作室
荷兰阿姆斯特丹市
www.bricksstudio.nl

ZPZ 合伙人建筑事务所
意大利摩德纳市
www.zpzpartners.com

作品建筑公司
美国纽约州纽约市
www.work.ac